新文京開發出版股份有限公司

新世紀・新視野・新文京 — 精選教科書・考試用書・專業參考書

第 **5** 版 Fifth Edition

生活科技

王力行 編著

LIVING
TECHNOLOGY

掃描

掃描QR Code 下載習題解答

　　現今 5 奈米(nano meter)的積體電路為臺灣帶來了希望，但是 120 奈米的嚴重特殊傳染性肺炎(COVID-19)使世界近兩億感染的人造成了損傷，同時拉開了人們的距離，也迫使我們去學習未知的事物。要跟上時代，除了工程科學的學生，醫護類的學生及全國公民也一定要瞭解各種尺度下的物體。科技領域課程旨在培養學生的科技素養，透過運用科技工具、材料、資源，進而培養學生動手實作，以及設計與創造科技工具及資訊系統的知能，同時也進行探索、問題解決等能力。放眼國際，諸多先進國家亦設有科技領域，強調科學、科技及設計等學科知識的整合運用，藉由強化學科間知識的連結性，來協助學生理解科學與工程的關連。因此透過科技領域的設立，將科技與工程之內涵納入科技領域之課程規劃，藉以強化學生的動手實作及跨學科，如科學、科技、工程、數學等知識整合運用的能力，應是此次十二年國民基本教育課程綱要研修的重要亮點。

　　本書基本上是依照 108 年教育部頒布十二年國民基本教育課程綱要自然科學領域「生活科技」的架構而書寫的。為了解決困惑及跟上時代的腳步，有較多艱深的描述。書中圖片較少，但是教學的簡報檔則相當豐富。科技領域課程理念是引導學生經由觀察與體驗日常生活中的需求或問題，從食、衣、住、行、育、樂、健康、安全、環保永續為主，進而到設計適用的物品，並且能夠運用電腦科學的工具進而澄清理解、歸納分析或解決生活中的問題。課程發展與實踐是以學生的生活經驗、需求以及學習興趣為基礎，在問題解決與實作的過程中培養學生「設計及運算思維」的知能。

　　科技的原理相當複雜，但科技離不開人性，所以產品簡化了許多。雖然人人能上手，但是日新月異，根本學不完。本教材只簡單的介紹些產品與現象，與專業用書不能相比。但是依照產品的進步史，可以讓同學對科技的原理有深一層的瞭解；基於終身學習的必要，也希望同學善用網路的及時性及進步性，尤其 google 及 wikipedia 百科全書，是每個現代人的好朋友。生活科技內容汗牛充棟，加之匆促付梓，疏漏遺誤自難免，敬請專家博雅指正，以利爾後修訂參考，毋任感激。

王力行　謹誌

王力行

｜學歷｜
成功大學材料系博士
臺灣科技大學化工碩士

｜經歷｜
美國電報電話公司貝爾研究室博士後研究
中華醫事科大通識中心主任
中華醫事科大研發處（前技術合作處）主任
75 年化工高等考試及格

｜現任｜
中華醫事科技大學生醫研究所副教授

目　錄

04 CHAPTER 材料設計與製造科技 🔍

05 CHAPTER 能源科技 🔍

CONTENTS

CHAPTER 01

食品科技

LIVING
TECHNOLOGY

1.1 新飲食指南

食品製造技術、醫學知識及技術的發展與人類的健康有直接的關係。這是現代人必備的知識。衛生署營養健康狀況調查發現，臺灣民眾從小學生到老年人，普遍欠缺多種保護性維生素與礦物質，例如 B_1、B_2、B_6、葉酸、B_{12}、鉀、鈣、鎂。中老年人的飲食品質優於青少年，許多人蔬菜、水果、乳品、全穀類攝取量偏低，普遍有鈣攝取不足、肥胖，熱量過剩及營養不均現象。

美國農業部 20 年前舊的飲食金字塔，在傳達「碳水化合物有益健康，脂肪有害健康」，經過 20 年的實施，造成很大爭議。美國營養學會已建議新的飲食指南，建議減少奶類和油脂類攝取，少吃白飯、白吐司等碳水化合物；多吃蔬果多運動，才能吃出健康，杜絕慢性病和癌症上身。

目前使用舊的飲食指南如圖 1.1 建議，成人每天五穀根莖類吃 3~6 碗、奶類 1~2 杯、蛋豆魚肉類 4 份、蔬菜類 3 碟、水果類 2 個、油脂類 2~3 湯匙，舊的飲食指南是民國 80 年訂定，至今 18 年，國人經濟與營養條件、健康狀況已有很大變化，營養需求應配合時代大翻修。新的飲食指南已在營養學會年會討論。

臺灣新版飲食指南參考國際飲食指標趨勢所公布如圖 1.2，還是區分為六大類，但調整分量，依個人熱量需求，查出自己的飲食份數。例如現在很少人一天會吃 3~6 碗飯，新指南主張 1.5~3 碗即可，全穀雜糧類應占三分之一以上。另蔬果比重可提高，蔬果每天 5 份是基本量，高大的男性應增加為 9 份。外食的家庭，應該把握蔬果 579 原則，兒童每天要吃到 5 份蔬果、成人女性 7 份，男性應吃到 9 份，才能營養均衡、促進健康。過去建議每天 2 至 3 湯匙油是太多了！以核果、種籽類好油為主且應全面減油。並至少搭配一份原態的堅果種子。

若進入美國農業部(United State of Department of Agriculture，USDA)「我的飲食金字塔」(My pyramid)輸入個人年齡、體重及經常使用的食物，便可得到個人營養上的建議。圖 1.3 為美國農業部我的飲食金字塔的兒童版飲食階梯。

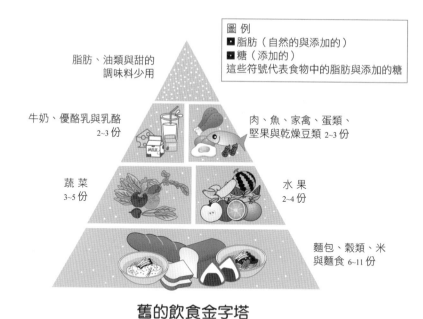

圖 例
■ 脂肪（自然的與添加的）
■ 糖（添加的）
這些符號代表食物中的脂肪與添加的糖

脂肪、油類與甜的
調味料少用

牛奶、優酪乳與乳酪
2~3 份

肉、魚、家禽、蛋類、
堅果與乾燥豆類 2~3 份

蔬菜
3~5 份

水果
2~4 份

麵包、穀類、米
與麵食 6~11 份

舊的飲食金字塔

以上是由美國農業部提出的飲食金字塔，旨在傳達「脂肪有害健康」及其推論「碳水化合物有益健康」的訊息。這些影響深遠的立論，目前正遭受到質疑。
關於食物份量的計算，請參見 www.nal.usda.gov:8001/py/pmap.him

⊃ 圖 1.1　舊的飲食指南

紅肉與奶油
少吃

白米、白麵包、馬鈴薯、麵食與甜食
少吃

乳製品或鈣質補充劑
1~2 份

酒類
除了需忌口者外
可適量飲用

魚、家禽與蛋類
3份

堅果與豆類
1~3 份

蔬菜
3 份（至少1.5份
為深色蔬菜）

水果
2~3 份

全穀食物
每一餐都要有

植物油
（橄欖油、油菜籽油、大豆
油、玉米油、葵花籽油、花
生油與其他植物油）

⊃ 圖 1.2　新版飲食指南參考臺灣營養學會所公布

⊃ **圖 1.3　美國農業部新版飲食指南：我的飲食金字塔兒童教育版（取自 TheFeltSource.com 網站）**

簡單飲食指南

　　一個很簡單，又容易記的均衡飲食原則。就是四分之一飲食分配原則：以一個自助餐盤為例，就是採用四分之一是綠色蔬菜；四分之一是水果；四分之一是澱粉類（糙米飯、全麥麵食）；四分之一是蛋白質（肉、蛋及豆類）的比例。蔬菜要比水果多，建議二分之一（半盤）是蔬菜，而水果另外在二餐之間吃。美國農業部我的飲食金字塔的兒童版飲食（圖1.3）與本簡單飲食指南比較，兒童版只多了可補充鈣質的牛奶、優酪乳及乳酪(Cheese)一類。兩者非常類似！

➤ 1.1.1　有機農業及有機蔬果

　　吃蔬果雖有益健康，不過，專家卻憂心，氮肥使用過量，存在於葉菜中的硝酸鹽，會誘發食道癌、胃腸癌及肝癌等疾病，認為政府應集合學者專家，依臺灣民情及現況，訂出合理規範，以讓民眾吃得更安心。

　　如果沒有氮肥，農作物就不會生長，但是任何含氮的有機物或化學肥料在土壤中均會先被分解氧化成分子量較小的硝酸根離子，一般人常稱為硝酸離子或硝酸鹽，動物若食用含硝酸鹽過多的植物，可能引起或輕或重的毒害。先進國家都已陸續規範蔬菜硝酸鹽的濃度，以保護消費者，例如德國規定，供嬰兒食用的菠菜中，硝酸鹽的含量不得高於 250ppm；世界衛生組織(WHO)公布的安全劑量應在 500ppm 以下。

　　過去我國未對葉菜類硝酸鹽訂定規範，主要是因為大部分的農民仍是用動物糞便做肥料，很少用化學肥料，近年來，用化學氮肥或有機肥的情形才比較多，化學肥料無色少味，不知不覺中添加會超量，且多超過 10 倍以前糞便做肥料時的量，致短期生長成熟的蔬菜，含硝酸鹽的量超高。唯硝酸鹽致癌的風險不是立即的，而是長時間累積才可能發生，小朋友最好不要吃素，因為小孩吃素的危險性較大。德國人在 1930 年代就發現，嬰兒以含硝酸鹽的水泡牛奶，會引起的藍嬰症，造成寶寶呼吸困難，甚至窒息。

　　由於世界各國對蔬菜硝酸鹽的含量已逐漸訂出規範，但所定標準因各國所處的地帶或日夜長短而有不同，如歐洲國家對大部分蔬菜只要求 1,500~2,000ppm，在臺灣到目前為止，仍未重視此問題，在冬天，部分蔬菜所含硝酸鹽量甚至高達 3,000~4,000ppm，因此如何教育農民適當施肥及採收，需要政府及消費者一起努力要求及監督。台灣主婦聯盟對其簽約進貨的蔬菜，分析及測試硝酸鹽含量，典型的數據如表 1.1。其中小白菜、青江菜容易超量。抑制率代表農藥殘留，當抑制率>35%，將送化學檢驗復檢。

◆ 表 1.1　臺灣常見蔬菜的硝酸鹽含量

蔬菜種類	檢驗件數	硝酸含量（ppm）				農藥殘留
		≦500	501-1500	1501-3000	>3000	抑制率>35%
空心菜	12	0	10	2	0	0
地瓜葉	7	1	4	2	0	0
青江菜	10	0	2	8	0	0
小白菜	11	0	1	10	0	0
大陸妹	4	1	2	1	0	0
菠菜	5	1	0	4	0	0
油菜	4	0	1	3	0	0
小松菜	4	0	2	2	0	0
白莧菜	7	0	1	6	0	0
紅莧菜	9	0	5	4	0	0
其他菜葉	12	0	3	9	0	0
芥藍菜	10	0	3	7	0	0
皇宮菜	10	0	7	3	0	0
黑葉白菜	5		1	4	0	0
葉蘿蔔	4	0	1	3	0	0
包心白	2	0	2	0	0	0
白花椰菜	1	0	1	0	0	0
高麗菜	5	0	5	0	0	0
四季豆	4	4	0	0	0	0
青椒	10	9	1	0	0	0

◆ 表 1.1 臺灣常見蔬菜的硝酸鹽含量（續）

蔬菜種類	檢驗件數	硝酸含量（ppm）				農藥殘留
		≦500	501-1500	1501-3000	>3000	抑制率>35%
茄子	7	5	1	1	0	0
筊白筍	6	4	1	1	0	0
其他非菜葉	15	14	1	0	0	0
合計	164	39	55	70	0	0

其他非菜葉包括大黃瓜、小黃瓜、南瓜、毛豆、苦瓜、薑

資料來源：台灣主婦聯盟生活消費合作社 2007 年 5~6 月蔬菜檢驗結果

　　有機農業 Organic Agriculture 的 Organic 的字解有「古代的」的意思，古代的農業生產沒有化學農藥及化學肥料可使用，栽培資材均取之自然，而且沒有汙染，應該可算是有機農業。數千年前，人類老祖宗早期的農業生產就是有機農業，在當時沒有化學農藥及化學肥料的使用，所以有機農業也可以算是復古農業。歐盟或歐洲拉丁語系是使用 Biologique 當做有機的代表字；Biology 是生物學，也是有機的意思。所以 Bio、Bio garantie、Bio guarantee、Biologica、Ecologica，均為有機的代表。

　　有機農業的發展源於德國，早在 1924 年即有此觀念。1935 年日本福岡正信、岡田茂吉生開始倡導自然農法，強調無化肥、無農藥也不除草，而用天然有機物來培養健康之土壤以生產健康之作物，同時利用生態平衡原理來防治病蟲害。並於 1953 年成立自然農法普及會，並於 1985 年組織自然農法國際研究中心。福岡正信發明水稻種子包入黏土中成球狀，避免被鳥類啄食，於 1 月份將水稻播種，然後休眠至 6 月份淹水後發芽。由表 1.2 得知於 10 月份於 1 區播種大麥、2 區播種裸麥，4 月份採收後，將麥桿棄置於原地當成肥料，接著淹水將雜草淹死，旱田變水田，水稻開始發芽，所有的肥料以雞肥、鴨肥或綠肥為主，或在田中養一些鴨子。

豆科作物其根部之根瘤菌(Rhizobium)具有固定空氣中游離氮素的能力，是廉價又省能源之氮肥來源。休耕期間種植此種豆科作物後，將整株新鮮的植體翻犁到土壤中作為肥料當作綠肥，綠肥作物因有濃密的枝葉，被覆地面，可防止雜草滋生及表土沖刷流失。寒帶國家以苜蓿(Clover)為主。臺灣以田菁(Sesbania roxburghii Merr.)、太陽麻(Crotalaria juncea L.)、大豆(Glycine sp.)、油菜(Brassica campestri L.)、非洲椒草(Trifolium alexandrinum L.)、蕎麥(Fagopyrum vulgare)、波斯菊(Cosmos sp.)當做為綠肥作物。種植紅花苜蓿可供應土壤每公頃約 60~90 公斤的氮肥。

◆ 表 1.2　福岡正信自然農法穀類摘栽培時序表

月份	10	11	12	1	2	3	4	5	6	7	8	9
	施雞肥				淹水 △				灌　水			
水稻（1，2 區）	採收	△ 水稻播種 △			休眠期				△ 發芽　水稻生長			
大麥（1 區）	△ 播種						採收 △					
裸麥（2 區）	△ 播種						採收 △					

註一：水稻種子包入黏土中成球狀，1 月份水稻播種，然後休眠至 6 月份淹水後發芽
註二：1 無化肥 2 無農藥 3 不除草

以營養液取代土壤，栽種出來的作物叫做水耕作物。因不接觸土壤，減少病蟲害發生率，也就少使用除草劑和農藥。但是水耕蔬菜所含微量元素不及有機蔬菜，所含硝酸鹽殘留量較高，並非有機蔬果，只能說是「清潔蔬菜」。

吃蔬果雖有益健康，但是農藥的陰影隨時存在，農藥有殺蟲劑、殺鼠劑、殺菌劑、殺霉劑及除草劑等，早在 15 世紀，諸如砷、汞、鉛等的有毒化學物質就被用在農作物上以殺死害蟲。在 17 世紀，尼古丁和硫酸鹽從煙草中提煉出來作為殺蟲劑使用。19 世紀也用多種天然的農藥，如除蟲菊(pyrethrum)、菸鹼(nicotine)和魚藤酮(reoenone)。除蟲菊化合物是從菊屬植物提煉，而魚藤酮是從魚藤的根部提煉出來。在 1939 年，Paul Mü ller 發現 DDT 是非常有效的殺蟲劑。它很快地成為世界上最廣為使用的農藥。大多數有機氯殺蟲劑具有生產成本低廉，在動植物及環境中長期殘留的特性。有機磷殺蟲劑有巴拉松(parathion)、馬拉松(malathion)為急毒性農藥，但有殘留期短的特性。已知戴奧辛(dioxine)半衰期為 7 年，分解慢，號稱世紀之毒。有機磷殺蟲劑分解的速率是有機氯殺蟲劑的 10 倍至 100 倍，無環境汙染殘餘問題，但因為容易經皮膚滲入，每年中毒死亡的人也有耳聞。若在強烈陽光紫外線下，噴有機磷農藥的蔬果，二週後於充分清洗後，應沒有中毒的疑慮。但是此種農藥不可噴於茶葉、草莓等產業上。氨基甲酸鹽類殺蟲劑與有機磷殺蟲劑的中毒機制相同，但是毒性較弱，皮膚吸收性也低，近年來應用漸增。

》 1.1.2　有機蔬果的判斷

有機蔬果外表不漂亮，但有的甘甜夠味，精實較耐放；一般體格較小、纖維素多，雖不易嚼斷，但價格昂貴。一般市場快速生長，快速收成的菜，如小白菜、大白菜及青江菜放置 2、3 天，立即萎縮；放置一週，腐爛且有氨或尿液的味道。有機蔬果體格雖小，但變化不大。將市場購買的蔥放入水中，若可存活，再移入盆栽中，不要加肥料，半個月後，蔥會越長越小，體積有時會縮小一倍，如此這根蔥已經變成有機蔥了。

有機蔬果必須要有有機標章，臺灣有機驗證團體有「財團法人國際美育自然生態基金會(MOA)」、「臺灣省有機農業生產協會(TOPA)」、「財團法人慈心有機農業發展基金會(TOAF)」及「中華民國有機農業產銷經營協會(COAS)」。政府民國 96 年 1 月對有機農業的規定，在試行兩年後，98 年 1 月起，農產品生產及驗證管理法規定生產、加工、分裝、流通，須符合中央主管機關訂定之有機規範，並經驗證者，始得以有機名義販賣，否則將接受罰責。德國有機驗證團體有 ECOCERT、BCS、GFRS。美國有機驗證團體有 OFIA。荷蘭有機驗證團體有 SKAL。法國有機驗證團體有 IFOAL。

　　政府會對上架有機蔬果做抽驗，並在「有機農業全球資訊網」公告抽驗結果。有機農業全球資訊網址為 http：//info.organic.org.tw，慈心有機驗證網址為 http：//www.tw-toc.com/big5/index.asp，其中介紹有機農業之理念與發展、生產技術、國內外驗證機構及其規章、產銷及展售資訊等，可提供各界多方面之溝通管道。

　　自從民國 98 年 1 月起，中央主管機關訂定之有機規範已啟動，台灣主婦聯盟為遵守規定，已將蔬菜分為三等級，即環保級、健康級及安全級。「環保級」就是以前的「有機級」，「健康級」是無農藥殘留，「安全級」是農藥殘留在安全範圍內。台灣主婦聯盟的「安全級」蔬菜與政府輔導的吉園圃（Good Agriculture Practice，GAP　優良農業操作）的標章相當。「吉園圃」(GAP)的 3 個圈代表輔導、檢驗、管理，強調農產品的品質與安全。安全用藥只有表示農藥殘留在安全範圍硝酸鹽沒包含在內。有機農產品四個團體的認證標章基本有分別為全有機甲級（全有機農產品）、全有機乙級（轉型期全有機農產品）、準有機級（準有機農產品）。

⊃ 圖 1.4　臺灣有機農產品四個認證團體的認證標章
（內容摘自《Life Guide 14》有機生活手冊 44 頁，2002 年 12 月上旗文化）

1.2 基因改造農業

　　基因改造就是通過生物技術，將某個基因從生物中分離出來，然後植入另一種生物體內，從而創造一種新的人工生物。與傳統農民利用選種、雜交、培育的方式不同，基因作物是打破所有物種間的天然屏障，不再有「界、門、綱、目、科、屬、種」的區隔，將某物種的一段 DNA 分離、取出，然後利用「載體」(carrier)貼到另一個物種的 DNA 上，使其在另一物種體內進行複製。例如科學家認為北極魚體內某個基因有防凍作用，於是將它抽出，再植入番茄之內，製造新品種的耐寒番茄就是一種基因改造生物。因此基因改造農業技術可創造出抗病毒、耐乾旱，與營養提高的作物。含有基因改造生物成分的食品稱為基因改造食物(Genetically Modified Food，GMF)。

　　各國政府對基因改造生物產品立場，主要是受其商業利益、環保勢力及消費者認知等因素影響而異，美、加等國採積極鼓勵態度，歐洲多數國家、紐、澳及日本則持較保守而嚴謹之立場。雖是如此，為求安全起見，各國仍制定了不同的安全評估方法，以管控基因改造食品的上市。

　　基因改造的原因有：利用轉植或修改相關基因，可達到抗除草劑、抗低溫、抗蟲害的效果而達到高產量。孟山多公司 1996 年開始出售不受除草劑影響的基因改良大豆，也販賣玉米等抗除草劑穀物。

　　孟山多公司在 1996 年出售及種植基因改良棉花含能殺死芽苞害蟲等毛蟲的蘇力菌(Bacillus thuringiensis)的基因。蘇力菌原是一種好氣革蘭氏陽性土壤桿狀細菌，目前已有千種品系已被分離出來，在不良環境下形成內孢子，在產孢時期會形成雙金字塔的側孢晶體，稱為殺蟲結晶蛋白(Insecticidal crystal Protein，ICP)。由於可利用人工培養基進行發酵量產，已發展為一種微生物殺蟲劑，無殘毒餘慮，殺蟲範圍廣，在臺灣防治對象包括：小菜蛾、甜菜夜蛾、銀蚊夜盜蛾、斜蚊夜盜蛾、大菜螟、菜心螟、玉米螟及其他鱗次翅目之幼蟲。蘇力菌要黃昏時噴灑，因為病毒怕陽光中

的紫外線。吃蘇力菌中毒的之幼蟲在死亡前會爬出來至菜或蔥的上端，取蟲屍體磨碎成粉，稀釋 500~1000 倍再噴灑，效果還是很好。最近幾年臺灣登記的蘇力菌商品有見大吉、菜寶、新大寶、惠光寶、力寶、光華寶、旺力菌、殊立菌、互利讚、獨佳、愛吃蟲、大寶天機等。改良的玉米和馬鈴薯體內也含有殺甲蟲的基因，如此可減少農藥或不用農藥。改良過的基因食品可以增加蛋白質，幫助牛、豬動物吸收磷；同時也減少飼料費用，降低動物糞便中破壞環境的磷含量。黃金米(Golden rice)是一種含有維生素 A 前驅物（ß 胡蘿蔔素）的稻米。將可預防疾病的相關基因植入作物中，也有希望的增強人體的免疫力。控制與成熟有關的基因，與控制光照一樣，使作物的成熟期得以提前或是延後，錯開傳統的盛產期或是季節性的問題，以供應市場需求或提高售價，而且可能得口感較佳的熟蔬果。

基因改造的倫理爭議及基因汙染的疑慮

基因工程可能改變食品既有營養成分，或增加過敏原、毒素，長期食用對於人類健康的影響仍是未知數：包括是否導致人體本來的吸收功能遭受破壞，改變荷爾蒙正常分泌，增加基因突變的機率，或改變代謝途徑，產生食物過敏或免疫系統被破壞的疑慮等。

基因改造生物具有外來的基因，會表現出一些不可預見的新功能和特徵，在沒有長期而充分的安全性評估之前，若將其釋放到環境，很可能會破壞原有生態平衡。另外，基因改造生物會通過自我繁殖及與近親品種雜交，使外來基因在大自然擴散，造成難以挽回的基因汙染。基因改造技術將外來基因植入日常食物之中，例如大豆、玉米甚至大米。長期進食基因改造食物，對健康有何影響仍是未知之數。在國際社會對基因改造食物安全還有爭議的時候，部分基因改造食物已經在消費者不知情的情況下放上飯桌，嚴重傷害消費者對基因改造食物的知情權和選擇權。若基因改造食品若不加標籤，衛福部無法追蹤問題的出處，則悲劇的潛在危機將令人錯愕。

　　科學家估計，抗除草劑的基因改造植物將使除草劑的用量增加三倍之多，這是因為農人一旦知道作物不受除草劑影響之後，將會用得更多。基因改造作物也製造自己的殺蟲藥，若由環保局歸類為殺蟲藥，這種策略只會導致更多的殺蟲藥被施放到田地裡，到食物中。

　　基因工程無論在醫學或農業生產上向來受到倫理爭議不斷，主因在於它不只是可讓細菌基因進入植物基因之中，更可以打破物種界限，將不同界的生物基因轉殖。有些科學家將人類的基因植入魚類以利快速生長，也有些科學家將動物的基因殖入植物體內。「如果素食者食入含動物基因的蔬果、如果回教徒吃了基因豬，如果印度教徒吃了基因牛，如果…。」基因改造食品將可能造成「信仰與倫理」的重大衝擊。

　　食物鏈裡的基因改造生物會破壞當地的生態平衡，新物種很可能會成功地將同類野生種淘汰，造成環境上無法預期的改變。基因改造生物、菌種或病毒一旦融入整個環境中，將無法控制其繁殖，也不可能回復原來狀態。不同於化學或核能的汙染，基因汙染所造成的負面影響有如覆水難收。我們對於 DNA 的瞭解其實並不完整。單一細胞的運作就已相當複雜，無人能知其全貌。然而，生物科技公司卻已將百萬英畝的田地種植基因改造作物，並有野心，想將全世界所有的作物加以改造。

　　當大家在討論基因改造大豆、玉米甚至木瓜對人的影響，大西洋基因改造鮭魚已悄悄的登場。大西洋基因改造鮭魚及螢光魚是一種經過基因改造而培育成功的食用魚及觀賞魚。螢光魚因為植入水母的螢光基因而能發出藍，綠、黃、紅等不同顏色的螢光。大西洋基因改造鮭魚已經改造成功，已經進入申請核准販賣的階段。將新的基因刻意植入魚的染色體內以促進魚的全年生長，可得到比原來大一倍的鮭魚，這些鮭魚與原來的野生種不同，牠們喜歡互相攻擊。普渡大學生物科學教授瑞克‧霍華德和他的同事已經發現，將新的基因刻意植入魚的染色體內以促進生長的魚，會長得更大，而且更能成功吸引異性；但牠們生下的後代，較無法順利活到成魚。這如果是真的，則過幾個世代後，該物種數量不但會減少，甚至有可能完

全消失。若野生公魚的下一代有 100 隻可以存活到成魚,而基因改造魚的下一代只有 65 隻可以存活到成魚。當一族群被少數基因改造個體侵入後,該族群將會有越來越多改造過的基因;則該族群的成種數量會漸漸變少,此為「特洛伊基因效應」。

國際間有幾個對於基因改造食品議題比較關注的非政府組織,例如地球之友會(Friends of the Earth)、綠色和平組織(Greenpeace)、國際農業生物技術應用推廣協會(ISAAA)、環境科技協會(The Environment Technology Council)、美國公共利益科學中心(Center of Science for the Public Interest,CSPI)等。

1.3　臺灣有機農產品的發展

臺灣地處亞熱帶,平地農田地下蟲卵處,不灑農藥不可能有好收成。所以台灣主婦聯盟大部分的蔬菜不是「環保級」的,更非「有機級」。只是控制少用化肥,注意硝酸鹽及低農藥殘留含量是其特點。臺灣得到認證的有機蔬果很少,所以市場小販叫賣有機蔬果是一句非常好笑的笑話。再則市面上充斥著「生機」、「有生機」、「自然生態農法」、「無毒栽培」等標示的生鮮蔬果,價格高,名字類似有機卻都非「有機蔬果」。其他大的有機公司在看板上寫的是「有機商店」,但裡面除歐盟進口的橄欖油及少數商品外,也沒有多少食物是有機的。

有機農產品是食品的 100 分,至少也要達 95 分以上。現在不能使用糞便當有機肥料,因為糞便內有許多寄生蟲,大腸桿菌及其他細菌及汙染物。糞便加上泥土經有條件的堆肥後才能成有機肥。如何減少或不用農藥,困難重重。施設網室,抗病抗蟲品種的選育,利用性費洛蒙,誘蛾燈或誘殺器。使用天然植物汁液如蒜、辣椒、韭菜、苦楝、苦茶柏、醋及植物油。植物性中藥如除蟲菊、樟腦、馬醉木、木醋等亦被用。生物製劑有

蘇力菌、核多角病毒(Nucleopolyhedrosis)、蟲生真菌(Fungi)、微孢子蟲
(Nosema)、昆蟲病原線蟲(Nematode)也已使用。利用補食性天敵，如瓢蟲、
草蛉殺蚜蟲、介殼蟲、薊馬等。利用螳螂殺蝗蟲、果蠅、蒼蠅及果實蠅等。
利用寄生性天敵，寄生蜂殺果實蠅，利用補植蟎殺葉蟎等。不然找樹醫生，
由聽筒查得天牛在樹中活動的聲音而殺滅。或採用輪作、間作、混作共榮
作物或避忌植物來減少病蟲害。才可能減少或不用農藥。

　　進行標示有機農產品的檢驗，發現有的產品農藥含量只是殘留在「安
全範圍內」，此不符「有機」的定義，但廠商辯稱是被附近農地的農藥汙
染，或包裝運輸中汙染。不論如何，這樣的產品只可以降級至「吉園圃」
(GAP)級的價格。有些農民也有誤解施用未列入藥毒所例行檢測之化學農
藥即可稱為「有機」。有機栽培限制多，常無法以經濟規模行之，加之認
證的費用很高，目前臺灣已通過認證的農場只有 3128 家，每一家約有二
至三件蔬果或米產品。有機及基因改造產物是兩種相反的栽種哲學及方
向，如何發展是未來的大問題。

1.4 食物內的主要化學物質

　　人體內的化學物質很多，如果把性質相近的歸為一類，則主要的只有
幾種，那就是蛋白質、糖類、脂類、核酸、水及無機鹽。

◆ 表 1.3　人體內的主要化學物質的含量

化學物質	蛋白質	脂肪	糖類	水	無機鹽	其他
百分比(%)	18.3%	15.0%	0.5%	60%	5.0%	1.2%

　　這些化學物質構成人體的各種細胞和細胞間質，並供給細胞活動的能量。糖又稱碳水化合物，是由碳、氫、氧三種元素組成，是人體生命活動的主要燃料。糖在人體內進行生物氧化，產生二氧化碳和水，並放出能量供組織細胞利用。人體內的糖主要是葡萄糖和糖原。脂類包括脂肪、磷脂、膽固醇等，它們都難溶於水。脂肪也是人體的燃料。和糖比較，糖供給的能量占人體所需能量的絕大部分，而脂肪只供給一小部分。磷脂和脂肪的結構很類似，容易和其他物質相結合。例如磷脂和蛋白質結合能形成脂蛋白，是構成細胞膜的成分之一。皮膚內的膽固醇，在太陽光的照射下，可以生成維生素 D。膽固醇又是性腺激素和腎上腺皮質激素合成的原料。蛋白質是生命活動的基礎，也是生物體的主要組成物質之一。人體的每個細胞和各種組織，都有蛋白質的存在；生長、增殖、消化、分泌等一切生命活動都有蛋白質參與。組成人體蛋白質的氨基酸有二十多種，一個蛋白質分子，一般由幾百個甚至上千個氨基酸分子組成。核酸是細胞的重要組成成分之一，具有極為重要的生理功能。核甘酸是核酸的基本組成單位，氨基酸則是蛋白質的基本組成單位一樣，所以核酸是現代醫學研究的重點之一。水在人體的組成成分中，水的含量占體重的 60%，年齡越小所含水分的百分比越高。通常把體內的水分分成三部分：一是細胞內的水分，稱為細胞內液，約占體重的 45%；二是組織間液，主要存在於細胞之間的間隙裡，約占體重的 11%；三是血漿中的水分，約占體重的 4%。體內的無機鹽離子主要有鈉、鉀、氯、鈣、磷等。體內含鈉約 80 克。其中 80% 分布於細胞外液，細胞內液含鈉甚少。體內含鉀約 150 克，其中 98% 分布於細胞內液，細胞外液含鉀甚少。氯在細胞內外均有分布。因此，細胞外液中的主要無機鹽是氯化鈉。這些化學物質的性質分敘如下。

》 1.4.1 醣類

醣類是所有糖類的總稱，泛指碳水化合物 carbohydrate。糖類是僅指葡萄糖等個別的化合物。葡萄糖、果糖及半乳糖為單糖；蔗糖、乳糖及麥芽糖為雙糖；糊精、糖原（肝醣）、澱粉、纖維素是多糖。纖維素，由植物合成，是植物細胞壁的結構性成分，不能為人體所消化。一些（3~6個）單糖分子結合在一起就可以形成寡聚糖。寡聚糖常常被用作細胞表面標記或信號分子。大量的單糖連接在一起就可以形成多聚糖。雙糖可水解成單糖如下：蔗糖→葡萄糖＋果糖；乳糖→葡萄糖＋半乳糖；麥芽糖→葡萄糖＋葡萄糖。

單糖甜度較高，與合成物糖比較一般簡分為下表：

◆ 表 1.4 醣類的甜度

糖種類	蔗糖	果糖	葡萄糖	乳糖	麥芽糖	阿斯巴甜	糖精
甜度	100	173	74	35	46	200	30000～67500

食物的組成和物理性質會影響血糖濃度的變化速率。單醣不須消化就可吸收，雙醣的消化步驟很簡短，因此食物中含葡萄糖之單醣與雙醣都會使血糖快速升高。人類無法消化纖維；多醣難消化，需較長的消化時間；膳食纖維也難消化，可以延緩腸的吸收。要延緩血糖的上升可採用：讓食物在胃中停留時間加長，選擇固態或黏稠的食物，多吃含抗性澱粉及可溶性膳食纖維之食物，或不溶性纖維，以縮短食物在腸道停留的時間等。升糖指數高的食物容易使血糖上升較快且較高，因此可以作為選用食物參考，不過並不是絕對的標準。食物的纖維含量，蔬果的成熟度，食物的油脂含量與酸度，澱粉粒的性質，以及食物的物理性狀。原則上，較不成熟的蔬果，含纖維多或油脂多，酸度高，以及顆粒較粗的食物，升糖指數比較低。糖尿病第二型的病患應選用升糖指數比較低的食物，才可以抑制血糖的突生，維持血糖的水平，延長進餐的間隔。相反的，運動員要採用升

糖指數比較高的食物。尤其長途活動，當體內的肝醣用完，一般男性的肝臟肝醣約 400 千卡，可運動 20 分鐘；肌肉肝醣約 1,600 千卡，可運動 80 分鐘，血糖約 40 千卡，可運動 2 分鐘。總共 102 分鐘，騎單車約可行 50 公里，之後就必須時時補充升糖指數比較高的食物，不然休息時間必須維持很久，才能有活力繼續運動。相對的要減肥，活動須超過 100 分鐘，才開始燃燒身體的脂肪，才開始減重。

一般的飲食建議對於糖分的攝取不建議太高，盡可能減少攝取精緻糖類，如：蔗糖、糖果、飲料等，易造成健康上的負擔。部分的嬰幼兒奶粉或副食品中添加蔗糖或其他醣類，但添加過多的蔗糖雖然口感上較佳，但容易造成小朋友日後的齲齒及肥胖，且易養成愛吃甜食的習慣。現代的學生，人手一杯加糖冰茶品，成為日後肥胖造成因子。炎炎夏日，以冰水代替加糖冰茶品，可避免不明糖水、劣等茶品及不良習慣的危害。

木糖醇(xylitol)存在於許多天然水果、蔬菜之中，也可由樺樹及橡樹中萃取。木糖醇的卡路里是砂糖的 75%，因此為可被當作糖尿病患者的代糖使用。由於食用時及之後有一種清涼的效果，因此也常用於糖果、口香糖或清涼含錠中。木糖醇被加在口香糖防蛀牙而被宣傳商品化，口腔中的微生物會利用食入的碳水化合物來產生酸性物質，使得口腔的酸鹼度遽降至 pH=5.7 左右。於是牙齒的琺瑯質被破壞，引發蛀牙或黃色的象牙質外露，到時整口牙齒變黃，影響外觀。木糖醇能抑制酸性物質產生，口腔中的微生物多不能利用木糖醇，尤其口中的 Streptococcus（一種轉糖鏈球菌，是造成蛀牙的主要微生物），在服用木糖醇之後有減少的趨勢。使用口香糖可幫助消化、促進唾液分泌，活化腦部。加了木糖醇的口香糖，更可進行再石灰化，修補琺瑯質的表面，讓牙齒及牙齦變得更堅固。其他種的代糖如糖精(Saccharin)阿斯巴甜(Aspartame)對身體有副作用，如圖 1.5 所示，應避免或減少使用。因為時常在糖精使用的標示下有一段文字：Use of this product may be hazardous to your health. This product contains saccharin which has been determined to CAUSE CANCER in laboratory animals。翻譯成「使用這個產品可能對你的身體有危險，本產品含有

saccharin（糖精），已經確定對實驗室的動物導致 Cancer（癌症）」。無糖口香糖有些是添加了人工甘味—阿斯巴甜(Aspartame)！有些是添加了木糖醇(xylitol)，自己要注意選。

◥ 圖 1.5　紅色警語表示本產品含有 saccharin（糖精），已經確定對實驗室的動物導致 Cancer（癌症）

1.4.2　脂肪酸

油脂的主要脂肪酸(Fatty Acids)依結構不同，可分為飽和與不飽和兩種。飽和脂肪酸：易囤積體內，不易排出，所以容易造成肥胖及心血管疾病，但相對的它也較為安定，耐高溫，不容易氧化，適合長時間加熱。飽和脂肪酸大多存在於動物性油脂和植物油的棕櫚油、椰子油。如表 1.5 所示。

菜籽油含飽和脂肪酸最少，僅為 6%，不飽和脂肪酸占 90%以上，所以最有利於降低膽固醇。所含的歐米加(Omega-3)水平是橄欖油的 10 倍，但是菜籽油中含有較多芥酸。芥酸是一種長鏈脂肪酸，它的碳鏈要比普通脂肪酸多四個碳原子。芥酸易淤積某些器官上，誘發冠心病。高血壓的患者要少吃。芥菜籽油的芥酸一般含量在 40%，但也有 2%低含量的，現在一般食用者均為低芥酸含量的。

◆ 表 1.5　主要動植物油之脂肪酸成分

名稱	不飽和脂肪酸				飽和脂肪酸
	單元不飽和		多元不飽和		%
	Omega-9 油酸%	芥酸%	Omega-6%	Omega-3%	
黃豆油	24		54	7	15
玉米油	28		58	1	13
花生油	50		32	—	14
橄欖油	71		10	1	17
苦茶油	78		11		11
芥菜籽油	14~19	31~55	12~24	1~10	6
紅花籽油	13		78	—	9
棕櫚仁油	15		2	—	50
椰子油	6		2	—	92
豬油	48		10	< 1	42
牛油	47		3	1	46
α-亞麻仁油	21		14	58	7

新竹食品工業發展研究所發現飽和脂肪酸前三名的油類：

1. 椰子油飽和脂肪酸 90.2%。6 個碳占 0.6%；8 個碳占 8~8.1%；10 個碳占 6.0~6.2%；12 個碳的肉豆蔻酸(Myristic)$C_{11}H_{23}COOH$ 占 45.8~47%；14 個碳的月桂酸(Lauric)$C_{13}H_{27}COOH$ 占 45.8~47%；16 個碳的棕櫚酸(Palmitic)$C_{15}H_{31}COOH$ 占 9.0~9.3%；18 個碳的硬脂酸(Stearic)$C_{17}H_{35}COOH$ 占 3.0~3.2%。總共 14~18 個碳的脂肪酸有 59.3%。

2. 奶油飽和脂肪酸 73.0%。4 個碳占 3.0%；6 個碳占 2.0~2.3%；8 個碳占 1.3~1.4%；10 個碳占 3.0~3.1%；12 個碳的肉豆蔻酸 (Myristic)$C_{11}H_{23}COOH$ 占 3.5~3.7%；14 個碳的月桂酸 (Lauric)$C_{13}H_{27}COOH$ 占 11.9~12%；16 個碳的棕櫚酸 (Palmitic)$C_{15}H_{31}COOH$ 占 29.6~33.3%；18 個碳的硬脂酸 (Stearic)$C_{17}H_{35}COOH$ 占 11.1~13.1%。總共 14~18 個碳的脂肪酸有 55.8%。

3. 牛油飽和脂肪酸 54.2%。12 個碳的肉豆蔻酸(Myristic)$C_{11}H_{23}COOH$ 占 0.09%；14 個碳的月桂酸(Lauric)$C_{13}H_{27}COOH$ 占 3.0~3.4%；16 個碳的棕櫚酸 (Palmitic)$C_{15}H_{31}COOH$ 占 25.6~27.3%；18 個碳的硬脂酸 (Stearic)$C_{17}H_{35}COOH$ 占 17.6~20.8%。總共 14~18 個碳的脂肪酸有 48.2%。

　　若是高碳數的脂肪酸真的對人體血管有害，那麼由以上的數據 59.3%、55.8%及 48.2%，椰子油、奶油及牛油三種油都要少吃。

　　臺灣人最常見的烹煮方式還是煎、煮、炒、炸為主，青菜大多是用大火快炒，而且多數是使用玉米油、葵花油之類來炒菜，甚至炸排骨也是用這類植物油，這真是個嚴重的錯誤。因為每一種油耐受的溫度不一樣，菜籽油的冒煙點在 107 度，通常大火一炒，一下子就會超過冒煙點，開始變質，吃下這種油，會產生許多毒素，對身體反而有害，但若是拿來涼拌東西就很好。

◆ 表 1.6　主要油脂特性一覽表

分類	油脂名稱	特性
動物性油脂	豬、雞油	此類油脂具有多量的飽和脂肪酸，食用太多，會增加體內膽固醇的堆積，易導致罹患心臟血管疾病。但由於安定性較高，可供長時間高溫的烹調。
	魚油	是深海魚類脂肪的萃取物，富含不飽和脂肪酸及 EPA、DHA。
植物性油脂	大豆、花生油	自黃豆、玉米、花生中溶劑粹取後精煉出來，較不宜高溫油炸食物。
	葵花油	由芥花及葵花種子提煉而成，可以減少心臟血管疾病的罹患。
	紅花籽油	由紅花籽作物萃取出來，可降低血中壞膽固醇的量，防止動脈硬化、皮膚疾病，但要避免高溫油炸。
	橄欖油	自橄欖中提煉而成，具有較高比例的天然抗氧化成分，食用可降低膽固醇及預防冠狀動脈心臟病的發生。
	棕櫚及椰子油	自棕櫚及椰子中榨取出來，具有高量飽和脂肪酸，且又有植物油不飽和脂肪酸的特性。可用於油炸食物及生產人造奶油及酥油之用，為與橄欖油一樣因多為進口，故價格較昂貴。
	麻油	自芝麻子中提煉出來，含有較多天然抗氧化劑，安定性高，但並未經過如大豆油等植物油的精煉程序，故油品的發煙點較低，發煙量大，不適合炒菜，適宜做調味由使用。

　　單元不飽和脂肪酸：屬性中庸，安定性雖比不上飽和脂肪酸，只要不是長時間加熱，它還算穩定，況且它又有降低壞的膽固醇(LDL)，提高好的膽固醇(HDL)比例的功效。單元不飽和脂肪酸較多的油品為；橄欖油、

芥花籽油、花生油等。多元不飽和脂肪酸：雖然有降低膽固醇的效果，但它不管膽固醇好壞都一起降，且安定性差，不適合加熱，在加熱過程中容易氧化形成自由基，加速細胞老化及癌症的產生。多元不飽和脂肪酸也不適合久放，深海魚中含量最多，優質含豐富油脂的深海魚類，如鮪魚、鯡魚、鮭魚、青花魚等，是 Omega-3 脂肪酸最好的來源；但並非所有油脂多的油都含有大量的 Omega-3 脂肪酸，虱目魚、鱈魚、石斑魚的油脂雖多，Omega-3 含量並不高。Omega-3 包括 α-亞麻酸、DHA(Docosahexaenoic acid)、EPA(Eicosapentaenoic acid)、DPA(Docosapentaenoic acid)。DHA 含有 6 個雙鍵，EPA，DPA 含有 5 個雙鍵，以深海魚類的魚油最多，為防止氧化，被製成膠囊隔絕空氣，並加入維生素 E 當抗氧化劑。Omega-3 可寫成 歐米加 -3 或是 ω-3(Ω-3)。飽和脂肪酸(Saturated)的通式為 $C_nH_{2n+1}COOH$，自然界中以偶數且多以直鏈存在，碳與碳的鍵為單鍵者稱飽和脂肪酸，碳與碳的鍵有雙鍵或參鍵者稱不飽和脂肪酸(Unsaturated)。而不飽和脂肪酸又依其不飽和雙鍵(Double Bond)的數目不同，而分為單元不飽和與多元不飽和脂肪酸。不飽和脂肪酸中依雙鍵的位置的不同，由酸基的位置算起來第一個雙鍵的位置為阿拉伯命名數。另一種命名是由另一端烷基端（ω 端）開始算，如 Omega-3 的第一個雙鍵的位置為第 3。

油酸(oleic acid)之構造為

CH₃-CH₂-CH₂-CH₂-CH₂-CH₂-CH₂-CH₂ CH=CH -CH₂-CH₂-CH₂-CH₂-CH₂-CH₂-CH₂-COOH

           4 3 2 1 端

次亞麻油酸或 α-亞麻油酸(α-linolenic acid)之構造為

CH₃-CH₂-CH=CH-CH₂-CH=CH-CH₂-CH=CH-CH₂-CH₂-CH₂-CH₂-CH₂-CH₂-CH₂-COOH
ω 端

◆ 表 1.7　常見脂肪酸

脂肪酸分類		化學式	雙鍵位置	來源
飽和脂肪酸	肉豆蔻酸(Myristic)	$C_{11}H_{23}COOH$	—	棕櫚油、椰子油、動物脂肪酸
	月桂酸(Lauric)	$C_{13}H_{27}COOH$	—	棕櫚油、動物脂肪酸、椰子油
	棕櫚酸(Palmitic)	$C_{15}H_{31}COOH$	—	棕櫚油、動物脂肪酸、棉子油
	硬脂酸(Stearic)	$C_{17}H_{35}COOH$	—	動物脂肪酸
不飽和脂肪酸	芥酸(Erucic acid)	$C_{22}H_{43}COOH$	9	芥（油）菜籽油
	油酸(oleic acid)	$C_{17}H_{33}COOH$	9	橄欖油、玉蜀黍油、棉子油
	亞麻油酸(Linoleic)	$C_{17}H_{31}COOH$	9，12	棉子油、玉蜀黍油
	α-亞麻油酸(linolenic acid)	$C_{17}H_{29}COOH$	9，12，15：16(ω3)	亞麻仁油、南瓜、核桃、胡桃
	次花生油酸(Arachidonic)	$C_{19}H_{31}COOH$	5，8，11，14	動物脂肪酸、玉蜀黍油
	DHA	$C_{22}H_{33}COOH$	5，8，11，14，17(ω3)	魚油
	EPA	$C_{25}H_{41}COOH$	4，7，10，13，16，19(ω3)	魚油

　　總碳數越多的脂肪酸越不易消化，由表 1.7 棕櫚油雖然是飽和脂肪酸，但碳數為 12、14 及 16，較易溶解於水，且易消化。芥酸碳數為 22，雖然芥菜籽油不飽和脂肪酸為所有油中是最高的，且含 Omega-3，但它獨具高芥酸的含量，不易消化分解且會沉積在血管壁。有心臟病、高血壓者，應避免食用太多。

◆ 表 1.8　Omega-3 及 Omega-6 多元不飽和酸的效用

	富含食物	主要作用
Omega-3	紫蘇油、亞麻仁油、深海魚油	抑制過敏、抑制炎症、抑制血栓、使血管擴張
Omega-6	紅花油、玉米油、黃豆油、花生油	引發過敏、引發炎症、引發血栓、使血液凝固

　　由表 1.8 知 Omega-3 脂肪酸與 Omega-6 的作用相反。Omega-6 主要從蔬菜、種子、硬核果類的油和動物肉類中容易取得，相對較穩定不易氧化。但攝取過多 Omega-6 脂肪酸時將會導致許多病變的產生，先是引發過敏、引發炎症、引發血栓、使血液凝固，然後變成癌症。而 Omega-3 的作用是抑制過敏、抑制炎症、抑制血栓、使血管擴張。Omega-3 可以平衡人體對 Omega-6 的吸收，防止過多 Omega-6 帶給人體的威脅。Omega-3 脂肪酸與 Omega-6 都是人體必需的多元不飽和脂肪酸，對人體作用複雜，兩者都無法由身體製造，必須從飲食中攝取。但 Omega-3 脂肪酸極難取得，亞麻仁籽、深海魚只有寒帶國家才有，提煉出 Omega-3 產品，一定要像海產一樣，放在生鮮櫃裡，限時用完，不然於使用時才將亞麻仁籽冷壓出亞麻仁油，且於室溫下冷食、涼拌使用。

◆ 表 1.9　Omega-3 脂肪酸與 Omega-6 的理想及現代人的攝取量

	Omega-6	Omega-3	Omega-6/Omega-3
理想攝取量	1~4	1	1~4
現代人的攝取量	10-50	1	10-50

　　古代的居住海岸邊的人類、現代住北極或阿拉斯加的愛斯基摩人生吃海豹，可以得到 Omega-6/Omega-3= 1~4 的理想攝取量，如表 1.9 所示現代人生活改變，Omega-3 極難取得及保存，所以比例可以偏離 50 倍。這也是現代人高癌症的一重要因子。

　　為保護木材免於受到雨水及濕氣的侵襲，且可表現原木優美的紋理，就是利用不飽和脂肪酸易氧化的特性，像是桐油在室溫下幾小時內就氧化形成一透明硬薄膜。亞麻仁油與桐油相近且更易氧化，因為反應性好，被選為塑膠中醇酸樹脂的原料。多元不飽和脂肪酸較多的油品，如：玉米油、黃豆油、葵花油等，其「碘價」都在 100 以上，依中央標準局油脂的歸類，都屬於沙拉油類，較適用於冷食、涼拌、或打沙拉醬專用，不要高溫加熱，因遇熱也容易氧化。對生物而言，會產生自由基，變成過氧化脂質，破壞 DNA 與細胞的組織，可能使血管硬化，引發高血壓及種種慢性病，甚至於癌症。

　　一般液體油類含多量不飽和脂肪酸，此種油類不溶於水，立刻對人的消化造成負擔，一次吞太多魚油膠囊，會導致噁心。飽和脂肪酸本身很像介面活性劑，一端是烷基（親油基），一端是酸基（親水基）。一般固體油類含多量飽和脂肪酸，所以易於溶於水。此導致廠商加棕櫚油到嬰兒奶粉，也可分散到水中，做成波霸奶茶等奶品，咖啡的奶精基本上也是沙拉油加乳化劑或棕櫚油作成；若是加到其他麵食中，更可產生香氣、增加口感、引發食慾。現實生活中對許多人，飽和脂肪酸根本不需刻意的去攝取，就已過量。一般而言，水煮的沒油炸的好吃，油炸的沒比包在麵包、麵皮中的好吃。改變飲食習慣談何容易；壓力一來，暴飲暴食，只有讓身體來解毒，多量的油脂會讓胰臟過度工作。將牛肉麵改成壽司，將漢堡改身生魚片，可能就是日本人長壽重要原因。

❱❱ 1.4.3　反式脂肪酸

　　紅花油、玉米油、黃豆油、花生油等 Omega-6 含量較多的不飽和脂肪酸易氧化、不穩定、不耐長時間高溫烹調。為了提高植物油的穩定度及可塑性，便以氫化(Hydrogenated)方式加工處理，在壓力鍋加入不飽和油脂及氫化鎳觸媒，加氫氣 5~10 atm 加熱至 150℃~180℃ 以在實驗室中就可氫化，使其轉為半固態的形式。若氫化作用不完全而尚有雙鍵存在時，可能會產生反式脂肪酸。何謂順式與反式呢？不飽和脂肪酸的化學結構，雙鍵的碳原子上所連結的氫原子，若在雙鍵同一側稱為順式，若在不同側，則為反式。一般天然油脂中的不飽和脂肪酸多以順式的結構存在。氫化(Hydrogenated)的植物油為半固態的形式，有較多的反式脂肪酸。氫化反式脂肪油以各種不同的型態出現在日常生活中，如油炸油（用於炸雞、薯條、鹽酥雞等）、烤酥油（用於烘培的西點、餅乾、糕點等）、人造奶油(Margarine)、奶精等。完全氫化的油脂則因不含不飽和雙鍵，所以不會含反式脂肪酸，但是變成固體的硬脂酸，只可提供給橡膠加工時當塑化劑用。

　　美國紐約市衛生局表決通過，從 2007 年 7 月 1 日開始，全市的餐館以及糕餅業者，禁用反式脂肪。美國食品藥物檢驗局(US Food and Drug Administration，FDA)要求從 2006 年 1 月起，境內及進口食品業者，在包裝食品的營養標示上，必須列出反式脂肪酸含量。但是反式脂肪酸含量在 0.3 克以下不用標示。

　　美國 FDA 對於食品反式脂肪酸雖沒有含量限制，但建議每天攝取量以不超過每天總熱量攝取的 1%，即每天不超過 2 克到 2.5 克。但一份 40 克的大薯條，以 2007 年的反式脂肪酸油類油炸，則含反式脂肪酸含量=40 克×21%=8.4 克，即超過 8 克。反式脂肪酸不是完全有害，而是吃多了有害。所以消費者也不必因此而驚慌，而開始完全不吃含有反式脂肪酸的食品。事實上，由表 1.10 食品中反式脂肪酸含量知草食性動物，如牛肉、羊肉及其乳製品，也含有少量反式脂肪酸（約 2%~4%），主要來自如反芻動物的胃中微生物發酵產生。此類天然反式脂肪酸中的共軛亞麻油酸(Conjugated Linoleic acid，CLA)則是可以增強免疫力的機能性油脂。

◆ 表 1.10　食品中反式脂肪酸含量（2006 年採樣）

食品名稱	油脂中反式脂肪酸含量%
全脂牛奶（7 月採樣）	3.2%
熟牛絞肉，Beef，ground and cooked	4%
植物奶油脂條狀，Margarine	20%~29%
薯條，大包，150 克	21%
洋蔥圈，8 個，180 克	15%

　　根據科學證據顯示，反式脂肪酸會：提高使血液中的低密度脂蛋白(Low Density Lipoprotein，LDL)，降低血液中高密度脂蛋白(High Density Lipoprotein，HDL)的濃度；因此，飲食中若攝取過量的反式脂肪酸，可能會增加罹患心血管疾病的風險。對此，美國心臟學會(American Heart Association)在 2001 年新訂的高血脂飲食指標中，除了重申降低飽和脂肪酸與膽固醇的攝取外，新增一個建議就是減少攝取反式脂肪酸。

　　消費者選購包裝食品時應詳閱產品成分與營養標示。凡包裝上的油脂成分標示有氫化、半氫化、硬化、精製植物油、轉化油、烤酥油等字樣者，表示該食品可能使用了經氫化處理的油脂，應注意選購或減少攝食。

　　若因飽和脂肪攝取過多，缺乏運動，壓力過高或遺傳傾向導致體內低密度脂蛋白濃度過高或高密度脂蛋白濃度過低，則容易是膽固醇囤積於動脈管壁造成心血管疾病，形成阻塞性中風。新進研究發現 lipoprotein(a)（脂蛋白(a)，Lp(a)）在動脈管壁的斑塊沉積中扮演重要角色，血中 Lp(a)濃度越高，中風及冠狀動脈疾病之危險性越大，對男性的影響尤為顯著。

　　反應機構是當低密度脂蛋白穿過動脈內膜進入血管壁之間時，膽固醇會在那裡堆積。當膽固醇堆積足夠時，血管內膜的內皮細胞會釋放激素招引單核細胞，單核細胞(monocytes)受到氧化型低密度脂蛋白(oxidized LDL)的趨化作用，而穿過內皮細胞進入血管壁中，再進而分化為巨噬細胞(macrophages)。巨噬細胞吞噬了被自己產生的自由基氧化的膽固醇並試圖把脂肪消化掉。在巨噬細胞中堆積的脂肪使細胞成為泡沫細胞。所形成的泡沫細胞(foam cell)此是粥狀硬化的開始。氧化型低密度脂蛋白不但會抑制單核顆粒離開血管壁，同時也會傷害內皮細胞和讓其功能失調；在血管壁內皮細胞功能失調上，先是改變血管壁的通透性，接著增加內皮細胞(endothelium)和白血球(leukocyte)的附著分子，白血球則會大量的遷移到血管壁上，而使得內皮細胞的功能失調。慢慢的泡沫細胞(foam cell)的中心會開始壞死，再接著產生脂肪層，一步步的完成粥狀動脈硬化。長年堆積及硬化下，加上高血壓及情緒的波動，易形成出血性中風。

◆ **表 1.11　乳糜微粒、極低、低、高密度脂蛋白與三酸甘油酯、膽固醇的比例**

組成成分 脂蛋白 種類	脂質					蛋白質(%)
	三酸甘油酯(%)	磷脂類(%)	膽固醇(%)	膽固醇脂(%)	總合(%)	
乳糜微粒	>85	3~6	2~5		96	0.5~1.0
極低密度脂蛋白(VLDL)	50~70	10~20	9	12	97	3~15
低密度脂蛋白(LDL)	5~10	20~25	5	39	74	26
高密度脂蛋白(HDL)	2	30	2	15	50	45~55

◆ 表 1.12　成人低密度脂蛋白，總膽固醇，高密度脂蛋白，三酸甘油酯建議濃度(mg/dl)

低密度脂蛋白		總膽固醇		高密度脂蛋白		三酸甘油脂	
<100	正常	<200	正常	40~60	正常	<150	正常
100~129	趨於～高於正常						
130~159	臨界值	200~239	臨界值			150~199	臨界值
160~189	太高	>240	太高	>60	更好	>200	太高

　　低密度脂蛋白與心臟血管疾病危險性的關係較膽固醇來得密切，但專家認為光看低密度脂蛋白濃度可能忽略高密度脂蛋白的正面影響，評估危險性最好的方法是檢測高密度脂蛋白和總膽固醇的比值。當三酸甘油酯＜400mg/dL，低密度脂蛋白膽固醇可由公式求出，即「低密度脂蛋白膽固醇＝總膽固醇－{0.2×[三酸甘油酯]＋高密度脂蛋白膽固醇}」，或當總膽固醇中高密度脂蛋白如果少於 25%，中風危險性就會遽增。

　　每天從洋車前子籽、燕麥麩皮、番薯、水果蔬菜和豆類科植物等食物中攝取 5~10 毫克的水溶性纖維，雖然只是一個小小的飲食習慣改變，卻可以使 LDL 濃度降低 5%。每天從降膽固醇的食物中攝取大約 2 公克的植物固醇，可以使 LDL 濃度降低 5%。每天從各種不同的黃豆食品中攝取至少 25 公克的黃豆蛋白，亦可使 LDL 濃度降低 5%。只要長期規律地從事適當的低緊張度身體活動，即可降低心臟血管疾病的風險。運動可增加高密度脂蛋白，降低三酸甘油酯濃度，並降低冠狀動脈心臟病風險，這類運動包括走路、跳舞、做家事和園藝工作等。若能逐漸養成運動習慣而持之以恆，其效果將如同服用 statin 類藥物般，可使低密度脂蛋白濃度降低 35%。總之攝取水溶性纖維、植物膽固醇、黃豆蛋白及規律運動可降低心臟血管疾病風險。

　　由於目前反式脂肪酸的確切生理作用還在爭議的階段，更詳細的醫學研究是有必要性的。所以在完全瞭解之前，在食品做出反式脂肪酸的含量

的標示，來提醒民眾的注意，是有它的必要性。加拿大及美國規定包裝食品應標示反式脂肪酸含量，以供消費者選購食品時的參考，但尚未設定限制含量。而歐洲國家則只有丹麥有規定食用油脂中反式脂肪酸含量不得高於 2%。我國衛生福利部目前則以協調產業界，從製程上改善，以減少油脂中反式脂肪酸的含量，以及進行品管檢驗並誠實標示的管理方向邁進。依據衛福部的規定，反式脂肪含量不超過 0.3 克就可以標示為 0，所以許多食品包裝上寫「反式脂肪 0 克」，事實上不等於真的不含反式脂肪；只要食物成分中含有「氫化植物油」、「植物性乳化油」、「植物性乳瑪琳」、「人造奶油」（或稱黃油）或「人造酥油」（或白油）就含反式脂肪。這些氫化植物油本身雖然不含膽固醇，但是卻含有許多反式脂肪酸。如表 1.13 所示混合性油脂中的製程及成分。近來研究亦發現，孕婦食用反式脂肪酸有危害胎兒健康的風險，且和肥胖症、大腸癌、第二型糖尿病等疾病息息相關。

◆ 表 1.13　混合性油脂的製程及成分

油脂名稱	特性
瑪琪琳 （Margarine，植物性乳瑪琳）	瑪琪琳含水 15~20％及鹽 3％，熔點較高，是奶油的替代品。稱人造奶油，多數用在蛋糕和西點中，因價格較奶油便宜之故。
白油(Lard)	俗稱化學豬油或氫化油。係油脂經油廠加工脫臭脫色後再與不同程度之氫化，使成固形白色的油脂，多數用於麵包之製作或代替豬油使用。熔點在 38~42°C 之間，形成無味、無臭、雪白之烘焙專用油。
酥油(Shorting)	利用氫化白油添加黃色素和奶油香料而配製成的。適合用來做烘焙食品或奶油裝飾，可使烘焙的麵團含有適量的氣體，因而不會過軟或過黏，也不會使奶油裝飾太容易塌陷，且可使烘焙食品香酥可口。
烤酥油	以植物性油質添加適量的抗氧化劑與消泡劑，經氧化處理而成，因此平時成軟質固體，烤酥油發煙點是 232°C，使用時較不起白煙，適合用來煎炸食物。

◆ 表 1.14　各式脂肪的建議攝取量

種類	來源	建議
反式脂肪	氫化、半氫化、硬化、精製植物油、轉化油、烤酥油	不能吃
飽和脂肪	椰子油、牛油	不要吃
Omega-6	紅花油、玉米油、黃豆油、花生油	要少吃
Omega-3	紫蘇油、亞麻仁油、深海魚油	要多吃新鮮的
富含單元不飽和脂肪	橄欖油	依等級使用

　　由表 1.14 知健康的油難取得，所以有許多長者寧願吃素，強調要水煮，就是此原因。不然使用橄欖油來替代。橄欖油主要是 Omega-9 單元不飽和脂肪(71%)，Omega-6 只有 10%，引發過敏、引發炎症、引發血栓的缺點比紅花油、玉米油、黃豆油、花生油少五倍。既能減少低密度脂蛋白膽固醇，又不影響有益的高密度脂蛋白膽固醇，是很好的替代用油。

　　要如何分辨橄欖油的好壞？看商品的標籤，分辨等級來選擇，是不錯的途徑。我國進口海關的貨物分類當中，將橄欖油略分為橄欖純（原）油—Virgin Olive Oil 或 Extra Virgin Oliver Oil(Olio Extra Vergine di Oliva100% Italiano)及其分餾物；與精製橄欖油—「Refined Oliver Oil」及其分餾物。橄欖純（原）油是冷壓產生，容易氧化，絕大多數是玻璃瓶或塑膠瓶盛裝的家用小包裝食用油，多用於涼拌，顏色較深。精製橄欖油的用途較寬廣，食品加工、業務用菜餚，甚至非食用的加工都很普遍。

　　不論是海關的定義—橄欖原油；或是歐盟認定的—最高級橄欖油，都指的是取自橄欖果實第一道壓榨的原汁，純度最高、成本也高。至於精製、或再製的橄欖油，是取自碾磨工廠壓榨剩餘的橄欖渣做為原料加以提煉，最後再添加少許橄欖原油調混，製成一般性的純橄欖油，也稱為精製橄欖

油；由於成本低，售價便宜。歐盟對會員國生產的各種橄欖油，依製造方式與油品酸度的差異，將橄欖油區分為 3 個等級：

1. 最高級橄欖油：脂肪酸含量在 1%以內，是最純的橄欖油，價格通常也最高。

2. 精製純橄欖油：脂肪酸含量在 2%以內，價格適中，適合一般烹飪與調味。

3. 一般純橄欖油：脂肪酸含量低於 1.5%以內，是拿最高級的橄欖油與精製橄欖油混合製成，前者的比例約在 5%。

　　油脂的提煉方法一般常用可分為萃取及機械冷壓榨二種：萃取法是先以正己烷溶劑將壓碎之種子浸泡、加熱(65~70℃)萃取、過濾、真空濃縮機將正己烷溶劑去除而取得油脂。優點是能取得較多油脂，缺點是正己烷溶劑要 100%去除很困難。機械冷壓榨法是直接用機械將種子壓榨取得油脂。優點是完全無正己烷溶劑之殘留，缺點是油脂取得較少。因此，油脂若用於炒菜則殘留之正己烷溶劑可能因熱而揮發，但對於要直接拌飯、拌麵者，或不再加熱而食用者，最好選擇機械冷壓榨之食用油。

　　西班牙橄欖油協會表示，橄欖油的成分中單元不飽和脂肪酸的比例約達 77%，是各種食用油當中最高的；並富含抗氧化成分及維生素 A、D、E、K。它的優點是幫助消化，環地中海國家的人膽固醇比例與罹患心血管的比例明顯較低，據說也跟常食用橄欖油有關。

　　在烹調上，由於精製橄欖油具備可以高溫炒炸的特性，廚房不易沾染油漬，保持居家環境衛生。但目前售價比起其他的沙拉油、花生油、葵花油等依舊偏高，是推廣上較大的阻礙。

　　苦茶油又稱東方橄欖油。營養價值高，但食用必須是新鮮的。根據林業試驗所研究，苦茶油經過室溫儲存後，其碘價隨著儲存時間之增長而下降，而酸價和皂化價則隨著儲存時間之增長而增加，這表示其不飽和脂肪酸有分解現象，尤其是半年後，分解加速，苦茶油的功效、營養價值因此大打折扣。另苦茶油含有之天然抗氧化劑生育酚(Tocopherols，TCP)，生

育酚是維生素 E 的一種。經過長期儲存並與空氣作用後，TCP 已然被氧化分解，不再有保護油脂之功能，而油脂酸敗劣化作用也就加速進行。

　　苦茶油又稱茶花油，是由油茶（Oiltea Camellia 俗稱苦茶）種仔壓榨而得，油茶可分為大果種油茶及小果種油茶，根據林業試驗所分析，大果種油茶之不飽和脂肪酸及天然抗氧化劑生育酚(tocopherols)，含量較小果種油茶高，因此大果種油茶測試氧化穩定較好，適合萃取。小果種油茶是可以壓榨較多的油，適合機械壓榨，即冷壓。大果種油顏色為金黃，小果種油顏色偏綠，與橄欖油較類似。

　　商業發達，一般高油高糖的食物很容易得手，多食不運動造成肥胖，已不是營養不良的問題，經估算得知如表 1.15 食物熱量與運動消耗的時間如表所示。

◆ 表 1.15 食物熱量與運動消耗的時間

食物名稱	熱量（大卡）	消耗熱量的運動時間	食物名稱	熱量（大卡）	消耗熱量的運動時間
奶茶 600ml	240	44 分鐘	小籠包（6 個）	374	68 分鐘
可樂 600ml	252	46 分鐘	火腿蛋餅	297	54 分鐘
柳丁綜合果汁 330ml	153	28 分鐘	皮蛋瘦肉粥	165	30 分鐘
紅茶 600ml	180	33 分鐘	培根起司蛋堡	322	59 分鐘
炸雞腿飯	825	150 分鐘	雞腿堡	411	75 分鐘
炸排骨飯	1055	192 分鐘	薯條	470	85 分鐘
滷雞腿飯（棒棒腿）	623	113 分鐘	炸雞腿	236	43 分鐘
滷雞腿飯（大雞腿）	807	147 分鐘	海鮮個人披薩	702	128 分鐘
紫米飯糰	418	76 分鐘			

　　小民重 60 公斤過生日，午餐吃了雞腿堡 411 大卡，薯條 470 大卡及可樂 252 大卡，共多少大卡（千卡），需做多少功才能消耗的熱量？要運動幾小時？

答：

　　　小民吸收共 411+470+252=1133 大卡

　　　需要運動=75+85+46=206 分鐘=3.43 小時

　　人體中含有的大量血液、淋巴液與腦脊髓液主要是水組成的，每個細胞也全充滿著水，是體重的 70%左右。且有許多的電解質像鈉、鉀、鈣，溶解在人的體液中，便形成了帶電的離可有電流通過。這些離子在外電場的作用下，於體液內作定向移動，便形成了電流，人體成了一個可移動的導體。

　　電解質的電導率（或比電導）是表徵電解質導電能力的物理量，國際單位制中單位為西門每米(Simen/meter)。電導率通過測量兩電極之間的溶液的交流電阻來測定，以避免發生電解。測量電解質的電導率是工業和環境監測中一種測定溶液離子含量的常規方法，並且這一方法快速、低廉和可靠。

　　以人體來說，為了維持正常的血壓和心臟的需求，大腦會自動將血液的電導度維持在 12（毫西門，milli Simen，mS）的水準，也就是說，當喝了高電解質飲料時，整體血液的電導度上升，假設上升至 15mS，腎臟過濾後的尿液，就應該是 18mS，甚至於更高，才能將血液的電導度降回 12mS。基本觀念是如此。再延伸說明下去，如果當事人腎功能不好，又吃得太鹹，血液上升到 15mS，但腎臟無法讓高於 15mS 的電解質通過時，血液的導電度就無法降下來，造成人體的負擔（便是腎臟病病徵），這個時候，喝水會有幫助稀釋血液，同時會隨著濃度較低的尿液排出體外。如果能將食物的鹹度降低，減輕腎臟的過濾負擔，長期來說會比較健康。至

於寵物，應該也是類似情況，測試寵物飼料的電導度是否超標，或是主人直接測試吞食，就可以知道飼料是否太鹹。

鉀離子是體內含量最多的離子，約有 98%的鉀離子存在細胞內液，只有 2%分布在細胞外液。要維持細胞內外鉀離子的平衡，需要依靠鈉鉀離子幫浦(Na$^+$-K$^+$ pump)。鈉鉀離子幫浦以主動運輸方式以 Na$^+$:K$^+$=3：2 的比例將鈉離子送至細胞外，鉀離子送至細胞內，維持細胞內有高濃度鉀。

腎功能不好，廢物及其他含導電度的物質不能隨尿液排出體外，所以尿液可以判斷腎臟功能。其中導電度是一個很好用的指標，在長期維持同樣飲食習慣的情況下，腎功能好者尿液的導電度相對高。

當腎功能正常時，腎臟中的腎絲球之濾過率相對較高，腎絲球濾過率相對高時，尿液的電解質越多，即代表電導率越高；反之，當腎功能發生問題時，腎臟中的腎絲球之濾過率相對較低，腎絲球濾過率相對低時，尿液的電解質變少，即代表尿液電導率越低，同時血中肌酸酐通過率也相對低。久之血液中肌酸酐卻超量變成尿毒症。

肌酸酐是肌肉中肌酸的正常分解廢物，每 20g 的肌肉可以代謝出 1mg 的肌酸酐，經腎臟排出到尿液中。由於肌酸酐自腎絲球濾出到腎小管後將不會被再吸收，且產生的速率（肌酸代謝）穩定又沒有其他來源或影響（如飲食、運動量），所以，當「腎絲球過濾」(Glomerular Filtration Rate，GFR)出了問題，肌酸酐會滯留、累積在血液中，造成檢測時數值偏高。因此，可藉由血液肌酸酐濃度高低來評估腎功能的好壞。血中肌酸酐又與腎絲球濾過率有關。

檢測肌酸酐的正常值，因為牽涉到人體肌肉量的多寡（肌酸酐的生成與人體肌肉量成正比），所以男性與女性有所不同，男性是 0.7~1.2 mg/dl，而女性則是 0.5~1 mg/dl。肌酸酐數據越高，代表腎臟病變的程度越嚴重。當肌酸酐值大於 1.3mg/dl 時，是腎臟炎症損傷期，代表開始出現腎衰竭的症狀；大於 1.8mg/dl 是腎功能損傷期；大於 4.5 mg/dl 是腎功能衰竭期；如果超過 7mg/dl，代表腎功能已損傷超過 70%，極可能就需要開始洗腎（血液透析）。

腎絲球濾過率

　　腎絲球濾過率代表腎臟的功能，正常腎絲球濾過率為 120 ml/min/1.73 m^2，它會隨著年齡的老化而逐漸衰退，平均 40 歲以後每年減少 1 ml/min/1.73m^2。腎絲球濾過率越小代表你的腎功能越差。只要有肌酸酐的值，就可把它代入公式而得到腎絲球過濾率(eGFR)。目前常用的公式如下：

　　男性腎絲球過濾(eGFR：Estimated Glomerular Filtration Rate)：

　　男性=186×（血清肌酸酐）－1.154×（年齡）$^{-0.203}$；女性需再 ×0.85

　　或男性=（140－年齡）×體重（公斤）／（72×血液肌酸酐濃度）；女性需再 ×0.85

　　因血中肌酸酐的值會受到許多因素影響，如性別、年齡，肌肉量、飲食、營養狀況等。當肌酸酐值超過正常範圍時，你的腎功能已經下降一半了，所以單用肌酸酐並不能完全反應早期腎功能的變化。若是新年期間大吃大喝，攝取蛋白質過多，腎絲球過濾血液不及，肌酸酐也會飆高。

　　所謂慢性腎臟病是指腎臟由於長期的發炎（例如：感染、免疫複合體傷害、炎症反應）、慢性疾病（例如：糖尿病、高血壓）的影響，或因尿路阻塞遭受破壞，受損超過三個月，導致其結構或功能產生永久性病變致無法恢復正常。根據準則，只要符合以下任一項，就可稱為慢性腎臟病。如表 1.16：(1)腎絲球濾過率大於 60 ml/min/1.73m^2 並合併臨床上有腎臟實質傷害證據，如蛋白尿、血尿、影像學或病理學上異常，且病程達 3 個月以上；(2)不論是否有腎臟實質傷害證據，只要腎絲球濾過率小於 60 ml/min/1.73m^2 且時間大於 3 個月以上。

◆ 表 1.16　慢性腎臟病分期（以腎絲球濾過率為依據）

eGFR 腎絲球過濾 (ml /min/1.73 m²)		病　　情	肌酸酐
腎臟病第 1 期	=90	腎功能正常但有腎臟實質傷害,如微量蛋白尿者。	
腎臟病第 2 期	60~89	輕度慢性腎功能障礙且有腎臟實質傷害,如微量蛋白尿者。	
腎臟病第 3 期	30~59	中度慢性腎功能障礙。	
腎臟病第 4 期	15~29	重度慢性腎衰竭,要洗腎。	≧7mg/dl
腎臟病末期	15 ml	末期腎臟病變,要洗腎換腎。	

　　在標準狀態下,若尿液電導率低,表示可能廢電解質沒排出標準量,過多留在血中,再測血液電導率及肌酸酐,接著配合腎絲濾過率來確定是否為慢性腎臟病。總之先測尿液電導率,再測血液電導率,再測肌酸酐的值來判斷腎功能,接著配合腎絲濾過率來確定,再記得定期追蹤飲食鈉、鉀、蛋白質的含量、尿液電導率、肌酸酐及腎絲濾過率檢查。腎絲濾過率有年紀的因素,最有參考價值。

🔟 1.4.4　維生素

　　維生素又稱維他命 Vitamins,一詞系 1912 年霍布金斯·范克研究提出。是一群複雜的有機化合物。維生素是維持身體正常生長、生殖及健康的一種必需物質,而所需的分量都是極少的,維生素是不會提供熱量。有些維生素是身體不能製造,若不能從飲食中獲得,便可引致維生素缺乏症。目前,文獻上所記載的有 13 種維生素已被鑑定、分離或化學合成。由表 1.17 得知維生素可分為水溶性和脂溶性兩大類:

◆ 表 1.17　維生素的分類

水溶性維生素									脂溶性維生素			
B₁	B₂	B₃	B₅	B₆	B₉	B₁₂	C	H	E	D	A	K
硫胺	核黃素	菸鹼酸	泛酸	批哆醇	葉酸	鈷銨	抗壞血酸	生物素	生育酚	鈣化固醇	視網醇	甲基醌

維生素缺乏或過量

　　哥倫布橫渡大西洋，最後食用水都壞掉了，只靠幾顆椰子解渴。之後開啟的大航海時代，讓人發現長期在船上沒有蔬果的日子，造成新陳代謝紊亂導致許多疾病，甚會致死。這種缺乏的微量物質證明是維生素。除了早期東沙群島、烏坵的外島駐軍，沒有蔬果需要維生素錠補充微量物質。嬰兒、孕婦及青少年在發育高峰期，需要較多的維生素及其他微量物質外，一般人體所需維生素量較少，只要注意平衡膳食一般不會導致維生素缺乏。

　　人體會儲藏脂溶性維生素，所以攝入過量會積存在身體特別是肝臟中，有中毒危險。水溶性維生素會通過腎臟排泄，相對安全，但是也不可攝入過量，因為有可能超量的維生素會在體內發生其他生物化學反應。通常從食物中正常攝取維生素不會存在過量的問題，但是食用過多維生素藥品就有可能發生危險。

◆ 表 1.18　缺乏維生素會導致的疾病

維生素	缺乏會導致
A	夜盲症、乾眼症、視神經萎縮
B_1	神經炎、腳氣病、魏尼凱氏失語症
B_2	脂溢性皮炎、口腔炎
B_3	失眠、口腔潰瘍、癩皮病
B_6	肌肉痙攣、過敏性濕疹
B_9	惡性貧血
B_{12}	神經異常、血液疾病、惡性貧血、禿頭和白髮
C	壞血病
D	骨質疏鬆、軟骨病（佝僂病）
E	不育症、習慣性流產
K	凝血酶缺乏，不易止血

　　一旦患有維生素缺乏病徵，需要在醫生指導下補充維生素藥品或服用富含維生素的食品。維生素 B 群成員頗多，包括葉酸、菸鹼酸、維生素 B_6、維生素 B_{12} 等，它們不僅參與新陳代謝，提供能量，保護神經組織細胞，對安定神經、舒緩焦慮緊張也有助益。深綠色葉菜類及豆類植物，都含豐富葉酸鹽，有助於細胞修補，預防感染和貧血；肝臟、魚、全穀類、大豆食品、蔬果中有維生素 B_6 或菸鹼酸，可以維持皮膚健康、減緩老化；至於與記憶力、注意力有關的維生素 B_{12}，在紅肉、牛奶、乳酪中都吃得到。維生素 B 群的成員，各有各的功效，但彼此間得互相協調、合作，「它們在人體內是團體作戰，只吃單一的維生素 B_6、B_{12}，效果不大，維生素 B 群還是要一起補充」。

　　以脂溶性維生素 E 為例，一般來說維生素 E 存在一般冷壓蔬菜油、全麥等穀類、深色葉菜類、核果及種子、豆科植物。富涵維生素 E 的食物有

乾豆、糙米、玉米粉、蛋、脫水肝、牛奶、燕麥、內臟、番薯、小麥胚芽等都含有維生素 E。維生素 E 的效用;除了一般大家所熟知的,它有美容、延緩老化、防止老人斑、減輕更年期症候群、月經來前不適症狀、預防胸肌纖維化、改善運動機能及腿部痙攣、抗氧化作用、增加免疫力、抗衰老、改善血液循環、修護組織、促進正常的凝血、防止白內障、減少傷口疤痕、降低血壓的功能外,它還可以中和低密度脂蛋白,並可預防心臟病、防止心血管疾病、抗老年失智症、抗帕金森氏症、抗乳癌等。維生素 E 這麼好,但患有糖尿病、風濕性心臟病或甲狀腺機能亢進的患者,不宜使用高劑量維生素 E。

在維生素的發現過程中,有些化合物被誤認為是維生素,但是並不滿足維生素的定義,還有些化合物因為商業利益而被故意錯誤地命名為維生素:

1. 維生素 Q:有些專家認為泛醌(輔酶 Q10),會增加力氣。應該被看作一種維生素,其實它可以通過人體自身少量合成。

2. 維生素 S:有些人建議將水楊酸(鄰羥基苯甲酸)命名為維生素 S(S 是水楊酸 Salicylic Acid 的首字母)。因為西方人有小毛病,就會吞阿斯匹靈(Aspirin),阿斯匹靈是水楊酸的衍生物,較不傷胃。

3. 維生素 K:氯胺酮作為鎮靜劑在某些娛樂性藥物(毒品)的成分中被標為維生素 K,但是它並不是真正的維生素 K,它被俗稱為「K 他命」。

4. 維生素 T:在一些自然醫學的資料中被用來指代從芝麻中提取的物質,對人體有幫助,會增加力氣。它沒有單一而固定的成分,因此不可能成為維生素。

在實際生活中,維生素經常被泛指為補充人體所需維生素和微量元素或其他營養物質的藥物或其他產品,如很多生產多維元素片的廠商都將自己的產品直接標為維生素。

▶ 1.4.5　抗性澱粉

　　國內外科學家在研究開發抗癌蔬菜方面不斷取得新突破、新成果。通過對 40 多種蔬菜抗癌成分的分析與實驗性抑癌的實驗結果，從高到低排列出 20 種對癌症有顯著抑制效應的蔬菜，其順序是：(1)熟甘薯 98.7% (2)生甘薯 94.4% (3)蘆筍 93.7% (4)花椰菜 92.8% (5)捲心菜 91.4% (6)菜花 90.8% (7)歐芹 83.7% (8)茄子皮 74% (9)甜椒 55.5% (10)胡蘿蔔 46.5% (11)金花菜 37.6% (12)苤藍 34.7% (13)薺菜 32.4% (14)芥菜 32.4% (15)雪裡紅 29.8% (16)番茄 23.8% (17)大蔥 16.3% (18)大蒜 15.9% (19)黃瓜 14.3% (20)大白菜 7.4%。

　　價格便宜的甘薯含有什麼營養？為什麼最近受到大家的注意？由科學的實驗分析證明，在蔬菜王國裡，熟、生甘薯的抗癌性，高居於蔬菜抗癌之首，超過了人參的抗癌功效。為什麼呢？因為生甘薯與豆類一樣含大量的抗性澱粉，抗性澱粉(Resistant Starch，RS)又稱為難消化澱粉，1982 年由 Englyst 等人所發現，係一種無法經由健康人體內的消化酵素水解，但可以在結腸中被微生物發酵的澱粉或澱粉水解產物。事實上甘薯並未提供必須的營養，而是降低脂肪貯存、促進腸道健康。

　　長久以來，膳食纖維只分為水溶性及非水溶性兩類。但是，近 20 年來第三類膳食纖維—抗性澱粉，已被廣泛討論。自然界中存在的抗性澱粉為非水溶性(insoluble)，其性質類似膳食纖維，無法經由小腸消化吸收，但可以在大腸中發酵產生醋酸鹽、丙酸、丁酸而降低腸道 pH 值，是一種有利於益生菌生長的纖維，兼具水溶性及非水溶性纖維之優點。食物中抗性澱粉多寡與直鏈澱粉含量成正比，但易受到加工及烹調影響，生的薯類平均含 50~60%抗性澱粉，煮熟後則減至 7%，冷卻後又回復至 12%以上。

　　抗性澱粉的生理效應為：

1. 降低熱量攝取與脂肪貯存。
2. 有利於血糖控制。

3. 促進腸道健康。

4. 調整血脂代謝。

▶▶ 1.4.6　植物生化素

　　1995 年左右，許多醫學研究陸續出爐，人們才發現蔬果真正防病、防老、治病、抗老的寶藏是藏在纖維和種子裡面，這珍貴的物質就叫做「植物生化素」，是真正能幫助我們長壽健康的大自然恩物。這些記載我們雖然無法證實其真假，但不可否認吃生的食物，營養沒有被破壞，再加上古人飲食可以放鬆地享受食物，慢慢地把蔬果嚼碎嚥下，不但能得到充全的營養，來提供身體的需要，還有機會將生鮮蔬果的硬皮、纖維及水果堅硬的外皮，咬得爛碎再吃下，因而釋放出能防病、治病、防老、保青春的天然物質，就是我們現在所說的植物生化素。

　　植物生化素(Photochemical)簡稱植化素。是目前才被發現很重要的天然化合物質，人體本身無法製造它們，必須從食物中獲取。像大豆中的大豆異黃酮素(Isoflavones)、番茄裡的茄紅素(Lycopene)、大蒜中的蒜精(Allicin)、甘藍菜和綠花椰菜裡的吲哚(Indoles)，以及綠茶中的兒茶素(Catechins)、藍莓中的花青素、胡蘿蔔中的胡蘿蔔素、玉米黃素、蝦紅素、蒜素、多酚類等，都是屬於植物生化素的一種。

　　在過去，它們不是營養學家所定義的營養素，既不是礦物質，也不是維生素，因為缺乏它們，並不會產生特定疾病，也不至於影響身體機能的運作。然而，近年來科學家發現，這些五顏六色的植物生化素，不僅可以抗氧化，消除自由基，還能輔助其他維生素發揮有效的生理機能。因此這些原本不被重視的植物生化素家族，才成為當今炙手可熱的營養來源，身價可說不同凡響。

　　目前已知在天然蔬果中，含有各類的化學成分都屬於植物生化素，例如曾經紅極一時，標榜富含葉綠素的綠藻。富含胡蘿蔔素的深綠、紅、黃色蔬果。含兒茶素的茶葉等，這些都是存在於各種植物中的植物生化素，

只是到目前為止，我們能知道的僅有四千多種，他們的功效尚在不斷被發掘與證實之中。另一種解釋，水果、蔬菜、穀類等食物中所含的植物生化素裡面，同時包含了一種含氰的化合物，這些成分對細胞從正常狀態轉變成癌細胞具有明顯抑制能力，它們有以下的幾大功用：

1. 提升人體的免疫力。

2. 可促進細胞代謝。

3. 有良好的抗氧化功能。

4. 豐富的膳食纖維能降低腸癌的生成。

5. 降低致癌物的生成。

　　植物生化素可按結構分為類黃酮、類胡蘿蔔素、硫化物、植物固醇、皂甘等。也可以按生物活性分為抗氧化物、植物雌激素、蛋白酶抑制劑等。

　　由於多數慢性退化性疾病與氧化都有關係，因此抗氧化物顯得尤其重要。雖然體內可以合成一些內源性抗氧化物，如穀胱甘肽、硫辛酸、退黑激素等，但還要從食物中獲得天然抗氧化物，如植物固醇、皂甘、胡蘿蔔素，和組成抗氧化酶的微量元素鋅、銅、錳、硒、鐵。而其中植物生化素就是天然抗氧化物的重要組成部分。下列表 1.19 為一些整理後的植物性食物中的化學成分與功效。

　　植物生化素雖然神奇，但是一天能吃進去且能消化的量是有一定的，含纖維多的果皮、種子在一般情形下是不易消化的，畢竟我們不是草食動物，沒有四個胃及消化酵素。平時要多攝取，不要飲食不均衡，等有症狀時才煩惱已來不及，突然大量進食富含植物生化素的綠茶、豆類及蔬果果皮及核，會引起漲氣、胃酸過多及胃潰瘍等毛病。但現在已有 3 匹馬力以上的蔬果機出現，可把蔬果打到綿狀，可將百分之八十的植物生化素取出。但要小口啜飲，因為濃度還太高，不易消化。

◆ 表 1.19　植物性食物中的化學成分與功效

植物性食物中的化學成分	主要蔬菜來源及顏色	功　效
花青素 (Anthocyanosides) 花青素原 (Proanthocyanidin) 原花青素(OPC) (Oligo Proantho cyanidin)	洛神花、玫瑰花、藍莓 (Blueberry)、山桑子 (Billberry)、蔓越莓 (Cranberry)、覆盆子 (Framboise；Raspberry)、茄子皮及紫色葡萄皮。松樹皮及葡萄籽、紅酒、蜂膠（黃色除外，鮮豔的藍紫色）	是一堆對心血管具良好作用之生物黃酮類(Bioflavonols)的還原體。花青素在體內的抗氧化及清除自由基的能力為維生素 E 的 50 倍、維生素 C 的 20 倍。可抗人體低密度酯蛋白的氧化、增加免疫力、可保護動脈血管壁的硬化。
硫化丙烯 (AllylSulfides)	蔥、洋蔥、大蒜、韭菜（白色）	有助於維護心臟健康，降低膽固醇量，避免動脈增厚或硬化，預防心臟病。對呼吸系統有很好的幫助，可提高體內蛋白質的結合能力和提高免疫力、讓睫毛頭髮烏黑，降低罹癌的風險。
吲哚 (Indoles)	十字花科蔬菜，例如綠花椰菜、包心菜、花椰菜、甘藍等（綠色）	對乳癌細胞具有明顯的抑制功能，可促進其他可以殺死癌症的蛋白質分泌。
大豆異黃酮 (Isoflavone)	大豆類，例如黃豆、紅豆、扁豆、紅花首蓿、棗椰、石榴（黃及紅色）	是一種類似女性荷爾蒙的天然植物化物，又稱為植物雌激素。對高危險群骨質疏鬆症的人、有更年期熱潮紅、躁動、憂鬱、無力、失眠、心悸等症狀，異黃酮有緩解效果。又具有抗氧化作用，可防止膽固醇在動脈沉積，減少動脈硬化的機率。

◆ 表 1.19　植物性食物中的化學成分與功效（續）

植物性食物中的化學成分	主要蔬菜來源及顏色	功　效
異硫氰酸鹽 (Isothiocyanates)	十字花科蔬菜、水果核心、發芽豆類和種子	可預防血液凝固栓塞、抑制氣喘、防止蛀牙。
茄紅素(Lycopene)	番茄、西瓜、芭樂、木瓜、紅椒、葡萄柚（紅色）	可減少心血管疾病、前列腺癌、糖尿病、骨質疏鬆和男性不育的風險。也可減少食道癌、直腸癌和口腔癌等的風險。
玉米黃素 (Zeaxanthin)	玉米、南瓜（黃及紅色）	保護細胞，抗氧化。
酚酸 (Phenolic Acid)	番茄、胡蘿蔔、柑橘類水果、所有莓類（黃及紅色）	是天然的強力抗氧化劑，能對抗自由基。
多酚類 (Polyphenols)	綠茶、葡萄、莓類、石榴（黃色除外,鮮艷的藍紫色）	具有抗氧化功能，能阻斷游離基的增生，延緩衰老。
蘿蔔硫素 (Sulforaphane)	花椰菜（綠色）	抗氧化，提升免疫功能，抑制幽門螺旋桿菌。
辣椒素(Capsaicin)	辣椒（紅色）	抗菌，幫助消化，消炎止痛。
薑黃素(Curcumin)	咖哩、香草精、香莢蘭的種子	可降血脂、抗氧化、抗發炎、抗動脈粥狀硬化；可輔助化療、打擊攝護腺癌、膀胱癌的細胞。
植物皂苷 (Saponins)	豆類和有莢的豆類，人參、遠志、桔梗、甘草、知母和柴胡等都含有	可抑制腫瘤生長。可調節免疫、抗炎、降膽固醇、保肝、降血糖、提高心血管活性等生物活性。

◆ 表 1.19　植物性食物中的化學成分與功效（續）

植物性食物中的 化學成分	主要蔬菜來源 及顏色	功　效
松烯油 (Terpenes)	櫻桃、柑橘類的果皮， 人參	能延緩衰老，防治心血疾管病和 癌症。
多醣類 (Polysaccharides)	枇杷果肉及其內含的種 子、菇類、五穀、枸杞 子	可防止老化，消除自由基，對癌 症有抑制及預防的效果。
植物固醇；植醇 (Phytosterol)	植物油、花椰菜、花生、 香菇、柑橘、紅蘿蔔、 菠菜、堅果、番茄、五 穀雜糧、芝麻、黃豆、 蘋果、燕麥	植物固醇和可溶性纖維一樣， 都有降低膽固醇和低密度膽固 醇的效能。
多醣類 (Polysaccharides)	枇杷果肉及其內含的種 子、菇類、五穀、枸杞 子	可防止老化，消除自由基，對癌 症有抑制及預防的效果。
葉黃素 (Lutein)	胡蘿蔔、南瓜、香蕉皮	保護細胞，防止及治療視網膜黃 斑病變。
植 物 固 醇；植 醇 (Phytosterol)	植物油、花椰菜、花生、 香菇、柑橘、紅蘿蔔、 菠菜、堅果、番茄、五 穀雜糧、芝麻、黃豆、 蘋果、燕麥	植物固醇和可溶性纖維一樣，都 有降低膽固醇和低密度膽固醇 的效能。

試 題 ………………………………… Exercise ⟫⟫⟫⟫⟫

1. (　) 反式脂肪酸最多的是　(1)全脂奶粉　(2)熟牛絞肉　(3)麥氏公司的薯條　(4)洋蔥圈。

2. (　) 對牙齒及身體傷害最少的糖類是　(1)Saccharin　(2)Aspartame　(3)xylitol　(4)Sugarcane。

3. (　) 農產品生產及驗證管理法規定　(1)生產　(2)加工　(3)分裝　(4)流通　(5)以上皆是，須符合中央主管機關訂定之有機規範，並經驗證者，始得以「有機」名義販賣，否則將接受罰責。

4. (　) 含飽和脂肪酸最多的油脂是　(1)牛油　(2)豬油　(3)椰子油　(4)橄欖油　(5)沙拉油。

5. (　) 油條餅乾加何種膨脹劑？　(1)碳酸氫鈉　(2)碳酸氫銨　(3)碳酸銨　(4)酵母 效果較差。

6. (　) 何種為延毒性強的農藥？　(1)馬拉松　(2)DDT　(3)巴拉松　(4)除蟲菊精。

7. (　) 油酸(Oleic acid)為　(1)單元不飽和脂肪酸　(2)Omega-9　(3)是橄欖油的主要成分　(4)以上皆是。

8. (　) 沼澤沉積　(1)是褐煤可燃燒　(2)可食用　(3)可當成園藝的培養土　(4)是一種很酸的植物泥碳蘚沉積很慢的沉積物　(5)以上皆是。

9. (　) 高筋、中筋與低筋麵粉是因為　(1)脂肪　(2)蛋白質　(3)維生素　(4)醣類 不同而呈現不同的性質。

10. (　　)　你從報章雜誌讀到環境用藥可防止蝨子及跳蚤，但下列何者卻能在蛋中找到汙染？　(1)戴奧辛　(2)蘇丹紅　(3)塑化劑　(4)芬普尼。

11. (　　)　你從報章雜誌讀到以下食品消息，何者 10 年以前就存在了？　(1)毒澱粉　(2)三聚氰胺　(3)塑化劑　(4)假醬油　(5)瘦肉精　(6)防腐劑過量　(7)地溝油。

12. (　　)　何者營養價值高？　(1)精白米　(2)胚芽米　(3)糙米　(4)都一樣。

13. (　　)　下列何者為水溶性維生素？　(1)A　(2)B　(3)E　(4)D。

14. (　　)　有關酯質的敘述下列何者有誤？　(1)為三分子脂肪酸與一分子甘油脫去三分子反應生成的酯類　(2)不飽和脂肪酸主要來源植物性油脂　(3)質脂會在空氣中和氧發生氧化稱之酸敗　(4)酯質在鹼性水溶液中加熱反應得脂肪酸之鹽類，此反應稱皂化。

15. (　　)　有關醣類的敘述下列何者有誤？　(1)人體血液中約有 0.1％的葡萄糖稱之血糖　(2)果糖可當為糖尿病患的滋養品　(3)蔗糖是一分子葡萄糖及一分子果糖脫水化合而成　(4)食用乳製品人體會有下痢，腹痛等現象，稱乳糖不耐症　(5)纖維素與澱粉相同，都可被人體腸胃所消化吸收。

請掃描 QR Code，**下載習題解答**

參考資料 | References

山田豐文，陳光棻譯《其實你一直吃錯油》，天下遠見出版股份有限公司，2008
年 7 月初版。

台灣主婦聯盟生活消費合作社《基因改造與有機農業能否共存？》，公共論壇，
2006 年 09 月。

台灣主婦聯盟生活消費合作社《菜籃子革命》，2015 年 1 月。

安部司《恐怖的食品添加物》，世潮出版社，2007 年 01 月。

曾浩洋等合著《食品衛生與安全》，華格那企業有限公司出版，2003 年 10 月初
版。

Rebecca J. Donatelle, "Health: The Basic"7th edition ；翻譯本：陳靜敏校閱，江麗玉
等合譯《健康促進第一部》，華驛文化股份有限公司出版，2007 年 9 月第七
版

Rebecca J. Donatelle, "Health：The Basic", 7th edition。翻譯本：陳靜敏校閱，江麗
玉等合譯《健康促進第二部》，華驛文化股份有限公司出版，2007 年 9 月第
七版。

Asker Jeukendrup and Michael Gleeson "Sport Nutrition: An Introduction to Energy
Production and Performance"。施嘉美等合譯，華驛文化股份有限公司出版，
2008 年 1 月初版。

《Life Guide 14 有機生活手冊》44 頁，上旗文化事業股份有限公司出版，2002 年
12 月。

CHAPTER 02

數位與傳播科技

LIVING
TECHNOLOGY

　　「科技」是人類運用大自然的資源、自己獲得的知識和對生活的改進與發明，以處理問題和改善環境的創意活動。它的本質在於人類運用智慧，發展各種工具，來達到改善生活的目的。中國的四大發明；火藥、指南針、紙、印刷術，奠定了人類的文明。尤其經過工業革命到現在的資訊及數位傳播的變化，我們要享受它的便利，但也要瞭解、應用、選擇與管理這些快速變化的科技與產業。

2.1　數位與單位

▶ 2.1.1　數位科技

　　數位科技就是以 0 與 1 資料來傳輸的科技；而類比科技：是用實際電路來驅動的！類比科技的電路靈敏度較高、較好，但因為零件用的較多，所以成本比較貴，產品體積比較大，易受雜訊影響，設計也不簡單！數位科技可利用一棵小小的 IC 就可以做出很多不同工能需求的產品。相對的體積小、成本低、使用的零件較少，且功能多！

　　數位科技跟類比科技最大的差別在複製與流通，早期要音樂得拿卡帶跟很大的隨身聽，但是 CD 出現了可從中找尋檔案，從中插播。以 DV (Digital Video)拍影片，兩段影片前後相接沒有雜訊。mp3 及 mp4 可壓縮檔案更小後，流通的方式從傳統郵寄，面交改變成為數位平台下載流通，整個速度是以前的 n 倍。此外數位的特點是非線性，以前錄音得線性簡接，無法在中段插入，若要插入，就得全部都過帶一次。現在非線性剪接，快速有效，連個人 pc 都能當錄音室核心處理器，當有人導入數位後，競爭力提高；成本降低了，自然有越來越多的人跟進。對於小部分錯誤的數據、數位信號，數位科技也可以由演算法將其修正。最大優點數位科技不會失真，數位點藏的資料，理論上可保留到千秋萬世直到永遠。

數位科技另一優點是非線性剪輯錄影及節目，自己設立表單，將錄影分成許多小段，方便查詢。非線性剪輯軟體有專業版的 Premiere Pro（Adobe 公司產品）、Media Studio Pro（友立公司產品）、Vegas（Sony 公司產品）及微軟公司出版且不用付費的 Windows Live Movie Maker。

在數位化的潮流下，臺灣已完成「國家發展數位重點計畫」及「數位典藏國家型科技計畫」。多家遊戲軟體公司不斷的推出線上新遊戲，表示「數位娛樂」及「數位學習」已結合成為政府扶持的數位化產業。在數位典藏計畫下，古代的歷史文化遺產、圖書及資料可以繼續的保存。臺灣目前正在努力打敗南韓，成為亞洲最 e 化的國家。

一、行動無線寬頻技術

第一代是類比手機，像是第二次大戰的軍事用無線電話或早期的大哥大黑金剛無線電話；第二代是數位手機，我們常見的歐洲電信 GSM(Global System for Mobil Communication)標準和美國電信 CDMA(Code Division Multiple Access)標準，提供低速率數據業務；2.5G 是指在第二代手機上提供中等速率的數據服務，傳輸率一般在幾十至一百多 kbps。3G 的代表特徵是提供寬頻數據業務，速率一般在幾百 kbps 以上。第三代流動通訊技術規格(the third generation of mobile communications，3G)能夠同時間傳送聲音（通話）及信息（電子郵件、即時通訊等）。3G 的無線網路數據的傳輸速度，在室內、室外和行車的環境中分別是至少 2Mbps、384kbps 以及 144kbps 的傳輸速度。

利用數位科技的手機系統突飛猛進，藍芽無線技術可傳達 10 公尺，Wi-Fi 的傳輸率最高可達 54 Mbps，傳輸範圍最遠約 100 公尺，而 WiMAX 的速度、範圍分別是 74 Mbps、48 公里。WiMAX（Worldwide Interoperability for Microwave Access，全球微波存取互通性）比 Wi-Fi（Wireless Fi-delity，無線高傳真）要好。Wi-Fi 一定要找到熱點(Hotspot)，像是學術網路（學校提供的 Wi-Fi 無線上網的訊號來源）及麥當勞及星巴克咖啡店提供的網路，因為 Wi-Fi 傳輸範圍一般只有 30 公尺。

　　無線寬頻長期演進技術(Long Term Evolution，LTE)，為是目前新一代的行動無線寬頻技術，它讓服務供應商透過較經濟的方式提供無線寬頻服務。LTE 已正式被第三代行動通訊組織（Third Generation Partnership Project，簡稱 3GPP）列為全新的無線標準技術。LTE 除了能夠針對無線寬頻數據設計出最佳化的性能，且能與 GSM 服務供應商的網路相容。4G 為新一代行動上網技術的泛稱，由於新技術的傳輸速度比 3G、3.5G 更快。

　　2012 年 3 月 10 日 New i-pad 展示會顯示 Apple 已採用 4G LTE 技術。市場調研數據預測到 2015 年，全球行動數據業務量可望成長到 2012 年的 26 倍。智慧手機和平板電腦是關鍵驅動力。

　　3GPP2 與 WiMAX 2 及 LTE 的超行動寬頻(Ultra Mobile Broadband，UMB)技術被歸類為 4G。3G 技術可提供同一無線網路的語音和數據通訊，但到了 4G 則變成為全數據網路。LTE 估計最高下載速率 120 Mbps 與上傳 85 Mbps 以上，比目前已投入使用的 Intel 所主導的 WiMax (75Mbps) 快。但新一代的 WiMAX 2 可在讓高速鐵路上傳與下載行動接收最高速率可達到 250 Mbps，在靜止定點接收可高達 1Gbps。

　　所謂的 5G，就是傳輸速率可以達到 10Gbps 的移動通信技術，自 2020 年起，5G 已在全球範圍內實現商用。在 5G 時代，全球移動通信標準將有望全面融合變成一個標準。目前全球兩大 4G 標準 LTE-FDD 和 TD-LTE 在核心網方面僅有 5%的差異，在無線接入側方面也僅有 10%的差異。在 5G 時代，這種融合的趨勢會越發明顯，因為產業鏈各方都清楚，在通信技術全球化的今天，任何一方都很難單獨開發一套全新的通信標準。而全球共用一套通信標準，對產業鏈各方都有好處。

　　下一代行動網路聯盟認為，5G 約會在 2022 年陸續推出，以滿足企業和消費者的需求。除了簡單的提供更快的速度，他們預測 5G 網路還需要滿足新的 3C 電子產品使用，如親臨音樂會，VR 遊戲；遠端監督與遙控機器人、物聯網（網路設備建築物或 Web 訪問的車輛），以及在發生自然災害時的生命線通信；網路直接轉播、自動駕駛、預測性車輛維修；精準

醫療、遠端手術、AR 輔助醫療；配電自動化、虛擬電廠；AI 人工智慧、大數據學習等案例需求。

由於 5G 技術將可能使用的頻譜是 28GHz 及 60GHz，屬極高頻(EHF)，比一般電訊業現行使用的頻譜（如 2.6GHz）高出許多，因此 5G 能提供極快的傳輸速度及聯網裝置，能達到 4G 網路的 100 倍，而且網路延遲縮減 50 倍。

二、記憶體儲存設備及單位

數位科技日新月異，產品推陳出新，各種單位令人混淆。以隨身的記憶體而言，軟式磁碟機(Floppy Disk)可儲存 1.44MB 的資料，VCD 可儲存 700MB 的資料，DVD 可儲存 4.7GB 的資料，藍光碟(Blu Ray Disk, BD)更可儲存 25 GB 的資料。

硬式磁碟機(Hard Disk)與軟式磁碟機原理類似，因為密閉，讀寫頭靠近旋轉的盤狀結構的多片磁片，目前已製造可儲存 6 TB 資料的硬碟。最初的記憶體有隨機存取、揮發性(Random Access Memory，RAM)及唯讀、非揮發性記憶體(Read Only Memory，ROM)，接著為了增加讀取速度有快取記憶體(Cache Memory)當作暫存緩衝區。現今的快取記憶體很多已與暫存器(Register)和中央處理器(Central Processing Unit，CPU)燒在一片晶片上。而硬碟與硬碟控制界面原來是燒在主機板上的。經由整合在硬碟的界面裡，稱為 ATA(AT Attachment)或 IDE(Integrated Drive Electronics)，可傳輸 ATA-2 的 16.6 Mbps 到 ATA-133 的 133 Mbps。ATA 系列使用並列式的傳輸速度不夠用，現已改成序列式(Series ATA，SATA)可傳輸 200 Mbps。

靜態記憶體(Static Random Access Memory，SRAM)一個位元通常需要六個電晶體。只要存入資料後，不刷新充電也不會遺失記憶。

動態隨機存取記憶體(Dynamic Random Access Memory，DRAM)是揮發性記憶體(volatile Memory)，利用電容內儲存電荷來代表 1 還是 0 的二進位位元(bit)。每一位元只需一個電容與一個電晶體來處理，結構相對簡

單，但電容會有漏電的現象，導致不足電位差而消失記憶。除非電容經常周期性地充電，否則無法確保記憶長存。由於這種需要定時刷新的特性，被稱為「動態」記憶體。成本低，儲存密度高是優點；存取速度慢，耗電量較大是缺點。

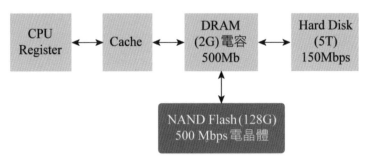

⊃ 圖 2.1　電腦資料傳送流程

　　現在使用的同步動態隨機存取記憶體(Synchronize DRAM；SDRAM)是讓 CPU 與 SDRAM 的時脈，即運算頻率相同。而現在更進步的是雙速率同步動態隨機存取記憶體(Double Data Rate SDRAM；DDR SDRAM)，買電腦時，電腦規格上寫的 DDR3 這個就是目前科技發展下使用東西。

　　快閃記憶體(NAND Flash)本來是一種邏輯電晶體，被當作非揮發性記憶體。小容量的快閃記憶體可被製作成帶有 USB 介面的移動存儲裝置，亦即人們常說的隨身碟或 SD 卡。隨著生產成本的下降，將多個大容量快閃記憶體模組整合在一起，製成以固態硬碟的存儲介質已經是目前的發展方向。常規硬碟讀取頭在尋找資料時，是不宜震動的。所以固態硬碟用來在行動式電腦中代替常規硬碟。雖然在固態硬碟中已經沒有可以旋轉的盤狀結構，但是依照人們的命名習慣，這類記憶體仍然被稱為「硬碟」。固態硬碟另一優點就是尋找資料速度快，開機時間大幅減少，而且不易損壞。

　　NAND Flash 快速的在過去幾年擴充其應用領域，比例最高的是數位相機的 SD 記憶卡(Secure Digital Memory card)，MP3 Player 的應用及多媒體手機的應用。而未來 Ultra Book 將持續大量採用 NAND Flash 作為儲存

裝置，以混合式硬碟或固態硬碟的產品型態，逐步擴大市場占有率。有耗電低、耐震、體積小、重量輕、可攜帶性高、熱插拔、反應速度快等多項優點的 NAND Flash，也因與 NB 與市場的期待緊密結合，創造另一波 Ultra Book 的應用高峰。

攜帶的手機、PDA(Personal Digital Assistant)或 i-pad，因為精薄短小，記憶體不可能無限增加，所以利用雲端運算(Cloud Computing)來增加功能與擷取資料；雲端其實是網絡、互聯網的一種比喻說法。因為過去往往用雲端來表示電信網，後來也用來表示互聯網和底層基礎設施的抽象代表。使用者透過瀏覽器等軟件或者其他 Web 服務來存取，而軟件的資料都儲存在手機上。

三、IC 卡

IC 卡，又稱為晶片卡、智慧卡(Smart Card)、智能卡、Smart Card 等，由於近年來磁條信用卡、金融卡偽造、盜刷事件層出不窮，支付卡晶片化已在金融界掀起一股風潮，除了今年將完成的磁條金融卡全面換發晶片卡外，信用卡也已在 2006 年前全面由磁條卡轉換為晶片卡。晶片卡將為支付卡市場帶來重大的改變，以往的磁條支付卡通常只有單項服務功能，現在藉由 IC 卡的整合，消費者擁有一張卡，就可以同時擁有提款、轉帳、信用消費、紅利積點、小額支付…等等多樣化的功能哦！

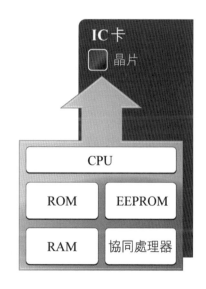

➲ 圖 2.2　IC 智慧卡的構造

　　晶片智慧卡是在塑膠卡片上嵌入 IC 晶片，以達到儲存、識別、加密解密及傳輸等功能，所以又稱 IC 智慧卡。可儲存的資料比一般已淘汰的磁條式電話卡、信用卡多出至少 80 倍。目前常見的健保卡、提款卡、信用卡、捷運悠遊卡均是。IC 智慧卡含三部分：符合 ISO 標準之塑膠卡片（PVC、PET 熱塑性塑膠或 PC、ABS 工程塑膠等材料）；一個由微處理器(Microprocessor)或記憶體與控制邏輯組合而成的晶片模組(IC Chip Module)；一個與外界通訊的介面，如圖 2.2 所示。

- CPU(Central Processing Unit)**中央處理系統**：執行電腦演算及控制工作。

- EEPROM(Electronically erasable programmable ROM)：電子可擦除式唯讀、非揮發性記憶體；為電子式可消除、寫入資料的 ROM，假如斷電記憶體內的資料也不會消失，當中記錄著持卡人的個人資料；有 1Kb 及 8kb 兩種容量。

- **協同處理器**：強化 CPU 的演算裝置，主要用於暗號處理。

　　IC 智慧卡可分為接觸型、非接觸型與接觸／非接觸多介面式(Combio Cards)型三種。IC 智慧卡記憶容量大，資料可重覆寫入或刪除；可預先存入之卡片作業系統(COS，Card Operating System)，具有多層次之資料存取安全控管及資料認證功能。預計儲存之資料可保存十年以上，可採取離線(Off-Line)交易作業，減少通訊成本。

　　非接觸式 IC 卡(Contactless Cards)是 1980 年由美國的電報電話公司(AT&T)所發展出來，分為密接型、近旁型與遠距型三種。密接型利用卡體內隱藏一顆感應式晶片並連接線圈誘導通信，由卡片內的天線以電磁感應方式產生電力，進行資料的傳送與接收，本身不需接任何電源，也不用密接觸到讀卡機。常見的門禁卡、IC 電話卡、小額支付功能的 i-cash、捷運悠遊卡，均屬於非接觸式 IC 卡。

▶ 2.1.2 電腦、電視的傳輸配備及發展

傳統的陰極管電視(Cathode Ray Tube，CRT)或現在流行的液晶顯示幕
(Liquid Crystal Display，LCD)，其標準的傳輸配備有多種可選擇，如圖 2.3。

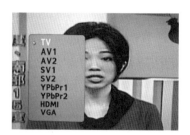

⊃ 圖 2.3　電腦、電視的傳輸配備有多種可選擇

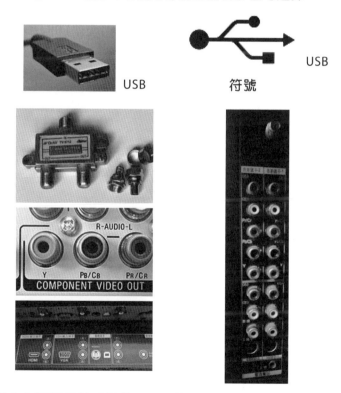

USB　符號　USB

⊃ 圖 2.4　左端由上而下同軸電纜端子、色差端子、HDMI、VGA、RS232C、網路、
AV 及右邊整組的傳輸接頭

　　TV 是使用同軸電纜端子，AV(Audio Video)是 AV 端子，SV(Separate Video Connector)是分離端子，YPbPr(Y，P_B/C_B，P_R/C_R：Component Video Connector)是色差端子，HDMI 是(High-Definition Multimedia Interface)是高解析多媒體介面，VGA 是(Video Graphics Array)視頻圖像陳列，還有網路線可直接在電腦上或接在藍光機後再接至液晶顯示幕，USB 是(Universal Serial Bus)通用序列匯流排；是電腦及藍光機上最方便的熱插拔的輸入輸出工具。

　　USB 可以連線滑鼠、搖桿、鍵盤、遊戲手柄、遊戲桿、掃描器、數位相機、喇叭、硬碟和網路部件共 127 個設備。大大簡化了與電腦的連線，USB 逐步取代並列埠成為印表機的主流連線方式。USB 最大的特點是支持熱插拔和即插即用。已推出的 USB 3.0 規格，傳輸速度一口氣拉高近十倍，從 480 Mbps 提升到 4.8Gbps 以上。電腦上的 Webcam 在高畫質世代，已有 5 百萬畫素的產品，但受限於 USB 2.0 的傳送速度，在觀看即時影像時必須降低畫質。如果有 USB 3.0，可合於千萬畫素，且無停格。屆時只要一台電腦，加上一條夠好的網路，接上監視器、開視訊會議或用 Webcam 做家庭保全都很簡單。USB 的缺點是非常容易將電腦病毒傳染給其他電腦。

一、基本的電路知識

　　保險絲(Cutoffs fuse)又稱熔斷器、熔絲，是一種連接在電路上保護電路的一次性元件，可分為電流型及溫度型。當電路上電流超過額定值使其中的鉛合金線產生高溫而熔斷，溫度型會感應外殼溫度，超過額定值也會熔斷。熔斷會導致電流開路，以保護電路免受到電阻效應產生的高溫傷害。工業用臥式溫度保險絲，由主體先套上矽套管再押上鐵片，這樣的方式可絕緣且導熱效果佳。一般電器設備開機通電時或被雷擊中時，瞬間常會有突波電流，較正常工作電流高很多，若沒有突波抑制電路，而使用會立即熔斷的保險絲，會造成更換的困擾，所以汽車的引擎蓋下一般有全車整組的塑膠片狀帶金屬片或陶瓷管狀保險絲提供更換。為方便計，可重複

使用的無熔絲開關是目前的按裝趨勢。為配合電路特性的需要,一般家用保險絲依外表及演進可分為若干類:

1. 條或絲狀;為早期原始型態的保險絲,直接以螺絲鎖定,用於各種尺寸的舊式開關、插座。如圖 2.5 最左為整捲條狀保險絲,一小條裝在陶瓷插座邊上,防止電流過大。

2. 片狀,塑膠片狀帶金屬片狀接腳為汽車保險絲。

3. 玻璃管狀;圖 2.5 中間為玻璃管狀保險絲,有幾種不同尺寸,常見於電子產品,有 6.3×32 mm(直徑×長度)及 5×20 mm 兩種。

4. 陶瓷管狀,可避免玻璃爆裂。

5. 無熔絲開關。

6. 延長線插座附無熔絲開關;延長線插座沒有電時,可試著壓或按黑色按鈕再恢復供電,如圖 2.5 最右的裝置。不用換保險絲,較方便。

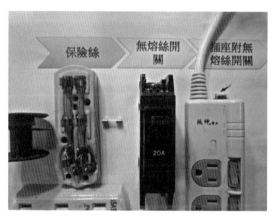

● 圖 2.5 　電氣用保險絲的演進

二、三用電表

　　初看到數位式三用電表，感覺容易辨認數字、操作簡單，但是也容易出錯，且出錯後不易發現。所以也時常要校正。類比式三用電表不易看懂，一旦學會後就能舉一反三，對電學有更廣的瞭解，因為所有的學問都在面板、操作說明與使用方法上。

1. 類比式三用電表各部名稱

（1）指示器歸零調整鈕　　（2）擋數選擇鈕

（3）測量插孔「＋」　　　（4）測量插孔「－COM」

（5）輸出插孔　　　　　　（6）0Ω 調整鈕　　　　　（7）指示器指針

⊃ 圖 2.6　數位及類比式三用電表，正在測試家庭用電壓

2. 類比式三用電表使用方法

　　測量擋及刻度讀數如圖 2.6 所示。

（1）Ω 電阻：×1 擋直接量出 0.2Ω~2kΩ。×10，×1K，×10K 擋應和指針讀數相乘。

（2）DCmA 直流電流：0.25A，25mA，2.5mA，50µA 各擋。注意有 A、mA、µA 之不同，µA=10^{-6}A，mA=10^{-3}A。

(3) DCV 直流電壓：10V，50V，250V 擋配合指示板 10V，50V，250V 直接讀出。0.1，0.5，2.5，1000 擋須配合 10V，50V，250V，10V 乘以倍數因數讀出。如 0.1 擋看 10V 刻度若指針在 8 時，8×0.1/10=0.08V。

又 1000 擋也看 10V 刻度指針在 8 時，即為 8×1000/10=800V。

(4) ACV 交流電壓：1000，250，50，10 各擋如同(3)DCV 中所述。

(5) 反射鏡：為讀數精確，指針本身和他在反射鏡中之像重合時（以單眼觀察）為指針正確位置。

3. 使用注意事項

(1) 測試各擋時應從大讀數擋先量起，再逐次換至小讀數擋（如 250→50→10...）直到指針位置刻度板中央附近時為止，需隨時注意不可讓指針超出全刻度。

(2) 測試棒黑色插入「－COM」端；紅色插入「＋」端。

(3) 測量電阻時，讀數由右「0」至左「∞」。且每換一擋時須用 0Ω 調整鈕注意規零。

(4) 用電阻「Ω」擋測試時電阻不可和任何電源連接。又絕不可用電阻擋去量電壓或電流。

(5) 先選擇好擋數選擇鈕位置無誤再進行測試。

(6) 測電壓時和電路並聯。測電流時和電路串聯。

(7) 測直流電壓 DCV 時紅色測試棒接正極，黑色接負極。

(8) 停止使用時應將擋數選擇按鈕調至 OFF 擋處。

(9) 未熟練前不可測試 220V 高壓電。

(10) 例：測試 DC 3V 之電池電壓。

- 先選至 DCV 200 處。
- 測試棒紅色接正極，黑色接負極。
- 調至 50 擋重作，此時指針讀數未達到 10V。
- 再調至 10 擋重作，得出 3V 電壓。

4. 電阻與體脂含量之關係－體脂計原理

(1) 體脂計為 AC 電阻計，利用生物電阻法的原理，利用體內的導電體（水、電解質）和不導電體（脂肪）測得。體內不導電體相當電路的阻抗，通微電流得到阻抗值，而算出體內脂肪比例。體內阻抗和交流電頻率有關，頻率越小電阻值變化越大，頻率越大電阻值越趨於穩定。50kHz 為常見體脂計輸出的電流頻率。不同年齡、體重和性別等，脂肪和水之比例會有差異。且數值容易受到人體阻抗值的影響，故測量時應空腹、未做運動、未流汗會比較準確，而不同測量姿勢也會影響結果，不過大量數據總有參考價值。圖 2.7 三用電表測試人體電阻，圖 2.8、圖 2.9、圖 2.10 體脂計能測試人體的電阻，然後換算成體脂。

⊃ 圖 2.7　三用電表測試人體電阻

⊃ 圖 2.8　體脂計只能測試人體腳底的電阻

⊃ 圖 2.9　體脂計能測試人體頭部以下的電阻，然後換算成體脂

⊃ 圖 2.10　體脂計能測試人體頭部以下的電阻，然後換算成體脂，要脫鞋電流才會通過

(2) 脂肪率：脂肪與體重的百分比。體脂肪率判定基準：一般男性 18~30 歲為 14~20%；30~69 歲為 17~23%。一般女性 18~30 歲 17~24%；30~69 歲為 20~27%。

(3) BMI（Body Mass Index，身體質量指數）＝體重(kg)／身高(m)^2

　　理想的 BMI 值是 22，18.5 以下為體重不足，19~24 為理想範圍，24~27 具危害健康因子，27 以上為高危險肥胖群。BMI 為身體質量指數或體格指數，由圖 2.11 可由外圈體重對準內圈身高，就可在下端紅色箭頭看到 BMI 結果是否標準。

⊃ 圖 2.11　BMI（Body Mass Index，身體質量指數）換算表

　　由 BMI（身體質量指數）換算表及體脂計和個人外型及外表就可看出一個人的肥胖情形，此種標準也會隨著年齡而調整，並非完全相同標準。配合進一步的內部血液及臟器檢查，便能看出個人健康的走向。

三、高畫質電視

⇨ 圖 2.12　傳統畫質電視與高畫質電視的比較

　　圖 2.12 表示傳統畫質電視與高畫質電視(HDTV)的不同，不但畫質清晰，亮度較好，對比也佳。鬼影及雜訊都已消除，細緻度令人驚豔。要享受及自製 Full 1080P 的高畫質電視(HDTV，High Definition TV)影音光碟必須有藍光播放機、HDMI 接頭、HD(High Definition)的攝影機，標示 Full 1080P 的高畫質電視。

　　畫素是數位相機出現後常聽到的名稱，畫素是什麼？畫素(pixel)決定解析度(Resolution)，畫素越高解析度越高，所以畫素是這是選購數位相機時重要的規格，也是必定會標示的規格之一。數位相機是透過 CCD(Charge Coupled Device)感光元件，將影像聚焦於 CCD 上，再將每個畫素類比訊號，轉換成數位編碼存於記憶體中。

　　如果要列印呢？一般列印照片，只要解析度達到 300dpi(dot per inch) 即可算是相當好的畫質，以常見的 4×6 照片來說，4×300×6×300 =1200 ×1800 = 2160000，也就是兩百萬畫素即可印出一張細膩度不錯的照片，當然實際上會有點誤差，不過三百萬畫素的數位相機，想要印出 4×6 的照片是絕對沒問題的。如果需要輸出 A4 大小，就建議選用五百萬畫素數位相機。

◆ 表 2.1　最佳列印或相片沖印大小與畫素間的關係

最佳列印或相片沖印大小（吋）	水平垂直像素	畫素
3×5	800×600	160 萬
4×6	1280×960	240 萬
5×7	1500×1200	360 萬
6×8（略大 A4）	1800×1200	400 萬
8×10（約同 A3）	2400×2000	760 萬
8×12	3000×2000	900 萬

　　傳統相機的底片，計算的單位是像素(piex)，如此一來數位相機畫素等於底片相機的像素。最佳列印或相片沖印大小與畫素間的關係如表 2.1 所示。一般電腦螢幕的解析度大多在 1600×1200 以下，所以 400 萬畫素以上數位相機已可滿足一般電腦螢幕的需求。

　　決定解析度還有顏色，影像品質好壞來至數位相機的鏡頭與影像處理能力。人的眼睛能看到的五光十色等色彩，是因為光線有不同的波長而成的，經過科學的實驗發現，人類肉眼對三種波長的感受特別強烈，只要適當調配這紅、綠、藍三種光線，三原色的強度，就可以讓人的眼睛看到絕大部分的顏色。彩色電視研發的原理就是基於此，列表機彩色墨水也是由紅、綠、藍三色組成。

　　影像類型有 16 色、256 色及全彩：

16 色：一個影像用 16 種顏色來表現。$2^4 = 16$

256 色：一個影像用 256 種顏色來表現。$2^8 = 256$

全彩：一個影像用 1677 萬種顏色來表現。$2^{24} = 1677$ 萬

四、電視、平板電視及顯示器的發展

　　隨著時代的演進，人類視覺的要求更越趨完美，傳統的 CRT、電漿螢幕(Plasma Display Panel，PDP)及 LCD 電視各有缺點。CRT 成本低、亮度高，但是體積大；已有人研發場發射顯示器 FED(Field Emission Display)，利用奈米碳管技術，將 CRT 薄型化。PDP 是透過紫外光刺激燐光質發光，因此它跟 CRT 一樣，屬於自體發光；液晶螢幕的被動發光不同，因此它的發光亮度、顏色鮮豔度與螢幕反應速度，都跟 CRT 相近，PDP 的亮度比後期的 LCD 產品還要亮 40%。但是 PDP 比起 LCD 成本高，且會產生熱量，消耗較多的能源，已不能滿足現代人，代之而起的是 AMOLED。**主動矩陣有機發光二極體**(Active Matrix Organic Light Emitting Diode，AMOLED)，是一種應用於電視和移動設備中的顯示技術。其中**有機發光二極體**(Organic Light-Emitting Diode，OLED)描述的是薄膜顯示技術的具體類型─有機電激發光顯示，**主動或有源矩陣**(Active-matrix，AM)指的是背後的像素定址技術。AMOLED 技術被用在行動電話和媒體播放器。此種顯示器無疑是發展下一代電子資訊產品時必須掌握的關鍵技術，如表 2.2 平板 AMOLED 與 LCD 的比較，近期在可攜式應用中備受矚目的 AMOLED，由於自發光性、廣視角、高對比、反應速度快、零組件少、更輕薄和廣色域等特性，受到業界關注的程度正不斷升高。特別是擁有高對比度的 AMOLED，適用於功耗敏感、色彩鮮豔、耐用不怕摔、的攜帶型電子設備，但也被視為可用來發展下一代高畫質的互動電視。一旦 AMOLED 可用來量產大尺寸電視時，立刻可取代 TFT-LCD。

◆ 表 2.2　平板 AMOLED 與 LCD 的比較

	AMOLED	TFT-LCD
厚度	約 1mm	約 3~5mm
發光方式	自發光，可省去背光模組與偏光片，可提高電流增加亮度。	需背光源，背光源亮度固定，無法增加個別區域。
面板重量	應用於手機面板約 1g	應用於手機面板約 10g
捲曲程度	可摺疊 10 萬次又沒折痕	不可
應答速度	幾微秒(μs)	幾毫秒(ms)
可視角	水平約 170 度	水平約 130~170 度
驅動電壓	3~9V	1.5~10V
色域	廣色域	較低
功率耗損	低	高
大型化	易	難
畫質	好	差

　　Super AMOLED 面板比原本 AMOLED 更加細薄，而且就是原生的觸控式面板。而 TFT-LCD 面板加上觸控層以後的顯色都不如原本表現，Super AMOLED 能表現更漂亮的色彩，比現在的 AMOLED 也更加出色。可摺疊 10 萬次又沒折痕的 AMOLED 螢幕研發出，雖然還在實驗室階段，而且捲曲時也不會影響成像或是失真，甚至捲曲成 1 公分的圓筒狀也能正常運作。可彎曲的面板就快來了！

　　當物質受到 1.光、2.電、3.化學作用的激發後，發射出沒有熱的光，稱為冷光。

1. 高能量的光如 X 光或紫外光激發物質至激發態，激發態的電子再降回基礎態時會放出能量，至低能量的可見光，就可被我們的眼睛看到，這就是螢光。螢光(fluorescence)是激發源除去後瞬間即滅者稱之。磷光

(phosphorescence)，是該物質的能階有較長的生命期，向低能階躍遷發光的事件發生於光線照射一段時間後，即激發源除去後物質繼續發光稱磷光。

2. 在電場下，將電能轉換成光能的發光，如氖氩氣形成的廣告燈，顯示器、儀表板、發光二極體（LED 或 AMOLED）等。

3. 化學發光(chemiluminescence)是指在化學反應過程中發射電磁輻射的現象。最普通的是因氧化作用而產生紫外線、可見光或紅外線這類輻射。也有人將發生在生物體內的化學發光，如螢火蟲發光稱之。

　　AMOLED 是自發光，利用電能轉換成光能的冷發光，即可省去背光模組與偏光片，可使面板厚度變成原後厚度的 1/3 或 1/5，觸控式面板可以更容易匯入，且顯色更出色。

　　i-pad3 採用的視網膜影像顯示(Retinal Imaging Display，RID)或(Retinal Display)，RID 的解析度為 2048×1536 像素比全高畫質 Full HD 的 1920×1080P 還要高很多。在日本，未來電視甚至已經邁向超高畫質(Super Hi-Vision)的技術，解析度達到 7680×4320，用這樣的解析度，恐怕連毛細孔裡面的毛都看的一清二楚。因為平板越做越大，解析度也要變高。例如 50 吋電視，1.82 米（72 吋）的視距，藍光機可達到 92%的視網膜影像顯示效果，DVD 機只能達到 36%的效果。

　　RID 與 LCD 採用相同的技術，只是多加了一些改善／改款。不過這樣的改善著實有讓大家眼睛為之一亮。但視網膜螢幕耗電量(RID)比主動矩陣有機發光顯示器 AMOLED 高出約 30%。RID 比 AMOLED 的對比度多 3%~5%。且 RID 可視角度為 80%，AMOLED 為 100%。且 RID 在日光戶外影響下其可閱讀性大幅低於 AMOLED。且 RID 在播放影片時出現的動態模糊(Motion Blur)不會在 AMOLED 上出現。

五、穿戴式電子裝置

目前及未來將應用在幾大主題上：

1. 醫療照護與健康管理—感測器的運動衫、智慧手錶、薄型且可伸縮的數位刺青。

2. 保險、保全、政府維安—智慧型眼鏡、智慧型手錶、手環。

3. 邊境管理、製造業管理、田野調查—智慧型眼鏡、智慧型手錶、手環。

4. 個人的穿戴裝置、藝術家和設計師的作品—含感測及電路的夾克、智慧型手錶。

智慧型手錶：在 1978 年就已有 Citizen 發明的記算機手錶，1984 年的 CasioAT-550 及 2003 年的 Fossil-WristPDA 到現在的 2012 年的 Pebble 機可使用藍芽與 Android 及 I-phone 系統連結。

簡單的穿戴式裝置只是測步數、跑步距離、燃燒的卡路里值及睡眠循環周期，其多做成墜飾或腕帶的形式，或者內嵌於腕錶、衣物或穿戴式配件當中，如鞋子、帽子及束胸。

發展中銀髮族居家保健可通過向皮下毛細血管照射 LED 光，並用中央的光學單元檢測血流脈動量變化來測量心率。包括腦電波儀(electroencephalography)、心電圖、心律、血壓、肌電儀(electromyography)、含水度、血氧濃度以及溫度的監測；也可顯示白天活動量、偵測跌倒、提供定位資訊。另一核心的生物識別感測(biometricsensor)裝置也是屬於醫療等級裝置，心率偵測準確率可達 90％以上。另有可監測嬰兒心律、呼吸與睡眠的智慧內衣，及尿布乾溼偵測報知 wi-fi。可讀取腦波訊號(EEG)的頭戴式裝置則將用於提升專注力、操控玩具，並依據心情調整所播放的音樂等。

多種與智慧型眼鏡相關的多元應用，如智慧眼鏡與廣告及零售商店結合，可讓顧客看見客製化產品與功能的實際樣貌，進而創造更多業績；不僅如此，智慧型眼鏡也可判斷人們眼睛所看的位置，協助顧客在博物館、圖書館及商店內購物、導覽。

目前穿戴式電子最成功的一家是將攝影機發展成以冒險為主題的工具來推廣其 GoPro 產品。

你希望為穿戴裝置的人，創造特別親密的使用經驗；你的專題以服飾為主，像是服飾或時尚配件，可設計個人專屬的穿戴裝置。

有電壓就有電場，有電場就有電磁波。穿戴裝置與人接觸更緊密，不但有高頻也有低頻的電磁波。美國國家科學院 1996 年發表報告，結論：並沒有據顯示低頻電磁場對人體健有害。而其物理電位療法的益處，確有無數的案例。對電磁波的研究，尤其是穿戴裝置對人的研究應該不能停。

2.2 千進位單位與符號

◆ 表 2.3　輔助單位與符號

輔助符號	英文名稱	中文名	中文意義	代表意義
P	peta	千兆	千兆	10^{15}
T	tera	兆	兆	10^{12}
G	Giga	十億	十億	10^{9}
M	Mega	百萬	百萬	10^{6}
K	Kilo	千	千	10^{3}
D	Deci	寸	十分之一	10^{-1}
C	Centi	厘	百分之一	10^{-2}
m	milli	毫	千分之一	10^{-3}
μ	micro	微	百萬分之一	10^{-6}
n	nano	奈	十億分之一	10^{-9}
p	pico	皮	兆分之一	10^{-12}

以 meter（m，公尺，米）為例，下列圖 2.13 表示成壹千萬倍的範圍。

←―― 人 眼 可 見 範 圍 ――→

←―― 光 學 顯 微 鏡 可 見 範 圍 ――→

←―― 電 子 顯 微 鏡 可 見 範 圍 ――→

| 10m | 1 m | 10cm | 1 cm | 1 mm | 100μm | 10μm | 1μm | 100 nm | 10 nm | 1 nm |

DNA　氫原子

⊃ 圖 2.13　加入輔助符號後單位變得很廣

Byte（位元組）與 bit（位元）的差異

若討論 USB2.0 的傳輸速度 480Mbps，這邊是用小寫的 b，代表 bit（位元），而我們講的儲存容量是以 4.7GB(DVD)或 760 MB(VCD)為單位，這邊用的是大寫的 B，代表 Byte（位元組）。會有這差別是因為 USB 為一次一位元的序列傳輸，所以習慣上使用 bit 當傳輸計算單位，但我們平常處理電腦資料時，都是以 Byte 計算大小，你會說一張照片大小是 3 M Bytes，不會說 3M bits。

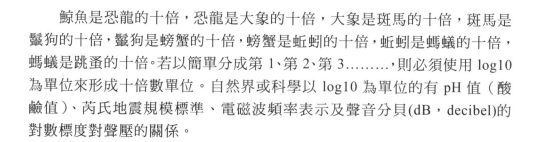

2.3　十倍數單位

鯨魚是恐龍的十倍，恐龍是大象的十倍，大象是斑馬的十倍，斑馬是鬣狗的十倍，鬣狗是螃蟹的十倍，螃蟹是蚯蚓的十倍，蚯蚓是螞蟻的十倍，螞蟻是跳蚤的十倍。若以簡單分成第 1、第 2、第 3………，則必須使用 log10 為單位來形成十倍數單位。自然界或科學以 log10 為單位的有 pH 值（酸鹼值）、芮氏地震規模標準、電磁波頻率表示及聲音分貝(dB，decibel)的對數標度對聲壓的關係。

以 pH 值可方便且準確的表示氫離子濃度或稱酸鹼值。所以 pH 是溶液中氫離子活度的一種標度，也就是溶液酸鹼程度的衡量標準。pH 值之範圍介於 0~14 之間。pH 值允許小於 0，如鹽酸(10mol/L)的 pH 為-1。pH 值為 7 時表中性，pH 值比 7 大為鹼性，比 7 小時為酸性；pH 值之單位是用對數表示，他們的關係為 pH=-log [H$^+$]，即 pH 相差 1 其強度就差 10 倍，如 pH3 就比 pH4 酸性強了 10 倍。純水的 pH 值為 7，代表中性。下表說明 pH 值小於 7 的液體，也就是酸性溶液：牛奶略小於 7，番茄汁略大於 4，醋約 3，檸檬汁為 2，一般雨水則為 5 左右。

◆ 表 2.4　現實生活中 pH 與各種液體間的對應關係

物質	pH	物質	pH
鹽酸(10 mol/L)	-1.0	茶	5.5
鉛酸蓄電池的酸液	<1.0	牛奶	6.5
鹽酸　1 M	0	健康人的唾液	6.5~7.4
胃酸	2.0	洗手皂	9.0~10
檸檬汁	2.4	漂白水	12.5
食醋	2.9	氫氧化鈉 1 M	14
啤酒	4.5		

地震規模(M，Magnitude of earthquake)，簡稱規模，屬定量標準。

芮氏規模是以 log10 來區分地震等級，簡單講（不按地表水平加速度區分）。

五級地震比四級所產生的振幅大約十倍。

　　以斷層滑動面積、震幅、滑動距離及其他因素方能計算地震非常複雜,地震學家採用芮克特教授(Richter)在 1935 年所提出較簡便的地震規模來代表地震之大小,以所謂的「芮氏規模」(Richter Magnitude,M)。芮氏規模是以地震儀記錄查得地震波之時間差及震幅大小為基礎來計算地震之規模。地震規模 M 越大,其所釋放的能量 E 就越高,兩者更精確的關係如下:

$$\log e = (11.4+1.5M) \quad 或 \quad E = 10^{(11.4+1.5M)}$$

　　以 2009 年秘魯大地震(規模 M＝7.9)和 2010 年甲仙大地震(規模 M＝6.4)來做比較:

$E_{2009} = 10^{(11.4+1.5\times7.9)}$

$E_{2010} = 10^{(11.4+1.5\times6.4)}$

$E_{2009} / E_{2010} = 1.78\times10^{23}/1\times10^{21}=178$

故甲仙大地震所釋放的能量僅秘魯大地震的 178 分之一而已。

　　以 2010/1/12 海地大地震(規模 M＝7.0)和 2010 甲仙大地震(規模 M＝6.4)來做比較:

$E_{2010112} / E_{2010} = 7.94\times10^{21} / 1\times10^{21}=7.94$

故甲仙大地震所釋放的能量僅海地大地震的 7.94 分之一。

　　絕對測量聲音強度的方法甚為複雜,但是比較兩強度不同的聲音就比較容易。我們常用強度水平(Intensity Level)來表示。設 β 為強度水平,I 為音波強度,則

$$\beta=10\log(I/I_0)$$

其中 $I_0=10^{-12}$ 瓦特／公尺 ^{2}，β 的單位為分貝(dB)，在方程式中 $I_0=$ 為人耳聽力下限，強度在此下限，人耳是無法聽到的。圖 2.14 是一些由強度水平(dB)對強度來顯示的關係，我們可從中學到如何較簡單地以對數標度去處理範圍較廣的數字。

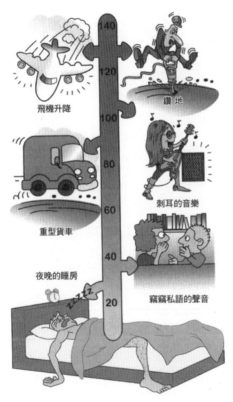

⊃ 圖 2.14　噪音強度水平(dB)的對人體的影響

人類對聲音的感應是相對變化，對數標度正好能模仿人類耳朵對聲音的反應。一般 0~50 分貝(dB)為細語的範圍、50~90 分貝(dB)妨礙睡眠、90~130 分貝(dB)導致耳朵疼痛為搖滾樂的範圍、130 分貝(dB)以上導致耳聾、耳膜破裂。

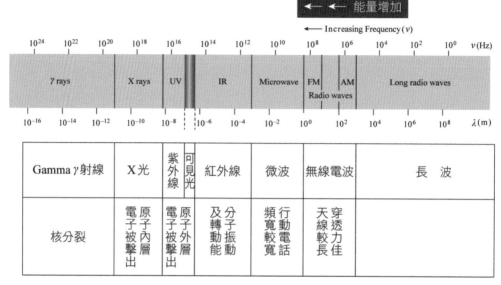

■ 圖 2.15　電磁波波譜

　　電磁波是電磁場的交互波動。由物理實驗知電場的變化會產生磁場，同時磁場的變化也會形成電場，兩者以 90 度的交角，交互作用的向前傳送稱為電磁波。它與功和熱等相同，是一種能量，此種能量是以向空中輻射或利用導電體等兩種方式來傳送。電磁波大部分以光波波譜表示。γ 射線波長低於 0.01nm，X 光波長在 10^{-10}~10^{-12} m 之間。紫外線介於 0.1nm~0.1μm 之間，可見光介於 400nm~700nm 之間。紅外線介於 1mm~0.1μm 之間；微波的頻率介於 1~100 MHz，電視電波介於 54~890 MHz，例如電視頻道 7~13 的頻率介於 170~2200 MHz。FM 收音機頻率介於 88~108 MHz，AM 收音機頻率介於 0.53~1.7 MHz。一般家庭電線為 60 Hz。赫茲(Hertz，Hz)是頻率單位，表示每秒振動次數。60 Hz 表示每秒振動 60 次。

　　電磁波有游離輻射及非游離輻射兩種：

1. **游離輻射**：是放射元素或 X 光所形成，它所產生的能量大，足以將分子結構打散成帶電的離子，會改變或損壞生物細胞，而導致病變。電

磁波的能量和頻率高低成正比（ $E \propto f$ ，E 是 Energy（能量）；f 是 frequency（頻率））。X 光是將 2~3 萬伏特的電子加速，打擊銅靶，將原子最內層的電子擊出，電子能階改變而產生的，所以能量也相當高。當高能量電磁波把能量傳給其他物質時，有可能撞出該物質內原子、分子的電子，使物質內充滿帶電離子，這種效應稱為「游離化」，而造成這種游離化現象的電磁波就稱為游離輻射。

2. **非游離輻射：** 低頻的家電用品或行動電話在使用時所放出的電磁波，所產生的能量通常較弱，不足以將分子結構打散成帶電的離子，但影響效應仍然存在。又分為有熱效應的非游離輻射及無熱效應的非游離輻射。進入可見光頻率以內的電磁波均及紅外線均無法造成游離化效應，稱為非游離輻射。

輻射傷害是指游離輻射（游離輻射會與身體內的物質搶奪電荷，產生離子破壞生理組織），311 事件後日本核電場破壞產生核輻射，其輻射塵也會放出伽瑪射線，會在人體內產生致命的游離輻射，大家避之唯恐不及。但是醫療的 X 光等儀器也事有類似效果。

非游離輻射則不具游離化能力，不會產生有害人體的自由化離子，大量非游離電磁波只會造成溫熱效應。這就好像做日光浴或站在燈泡下方一般，只要不在短期內傳太多能量給人體，生理組織就能加以調控，所以在安全範圍下長期接受非游離電磁波，並不會產生累積性傷害。圖 2.15 電磁波波譜知當電磁波進入紅外線的範圍，能量只足以讓分子振動及轉動。利用頻寬較寬的微波進行行動電話通訊，其能量低更屬於非游離輻射。家用的交流電為 110 伏特，頻率為 60 赫茲(Hz)，此種低頻電流，產生的磁場稱低頻磁場。環保署對低頻磁場標準建議值為 833.3 毫高斯(milli Guass，mG)。

對每一個粒子而言伽瑪射線、X 光能量高，可比喻成 10 公斤的岩石；紅外線、微波能量低，可比喻成彈珠或 BB 彈。同樣高度，10 公斤的岩石可砸死人，彈珠則否。但是可增加功率的 BB 槍，也可讓 BB 彈對人造成永久的傷害。

電磁波的發送及接收,必須要有適當的長度的天線。早期收音機電視電波均需長天線接收,行動電話為了減少天線的長度及增加頻寬可增加資料的傳送,改成微波的頻率傳遞,家用微波爐的功率一般在 1,000 瓦特(增加功率)左右,手機在 5 瓦特左右,無法比較。2G 手機通訊的傳播頻率為 2.45 GHz,與微波爐及水分子的共振頻率相同,確有會和身體的水分子共振而破壞人體的疑慮。將雞蛋夾在兩手機當中,讓它不停的接受來電上萬次,發現蛋會變性有煮熟的現象。總之過度使用,距離太近,都應避免。電磁波行動電話電磁波在人體中會具有吸收的累積效應,大約十年後才會明顯表現出來?3G 手機通訊的傳播頻率漸變為 60 GHz,應該不會與身體的水分子共振。

2.4 基本及導出單位

所有其他物理量都可由此七個基本量表示出來,稱為導出量。基本量中,又以長度、質量、時間為最常用。

◆ 表 2.5　簡單導出量及單位

英中文名稱	符號	formula	公式／複雜公式	SI 導出量單位	另外單位
Velocity 速度	V	$V=x/t$ $\bar{V}=(x_2-x_1)/(t_2-t_1)$	速度＝位移／時間 $V=dx/dt$	m/s	公尺／秒
Acceleration 加速度	a	$a=v/t$ $\bar{a}=(V_2-V_1)/(t_2-t_1)$	加速度＝速度變化／時間 $a=dv/dt$	m/s²	公尺／秒²
Force 力	F	$F=ma$	力＝質量×加速度 $\vec{F}=m\vec{a}$	kg m/s²	牛頓 N, Newton

◆ 表 2.5　簡單導出量及單位（續）

英中文名稱	符號	formula	公式／複雜公式	SI 導出量單位	另外單位
Work 功	W	W=Fx	功＝力×位移 $W=\vec{F}\cdot X$	kg m²/s²	焦耳 J，Joules
Power 功率	P	P=W/t， $\overline{P}=(W_2-W_1)/(t_2-t_1)$	功率＝功／時間 P=dW/dt	kg m²/s³	瓦特 W，Watt

◆ 表 2.6　簡單基本的物理量及單位

物理量名稱	英文名稱	單位之中文名稱	英文符號	單位之英文名稱
時間	Time	秒	t	Second
長度	Distance	公尺，米	m	meter
質量	Mass	公斤，仟克	kg	kilogram
溫度	Temperature	克氏 絕對溫度	K	Kelvin
電流	electric current	安培	A	ampere
顆粒數	number of particle	莫耳	mol	Mole
光度	Luminous intensity	燭光、流明	cd	candela

簡單基本量單位換算：

輔助符號

1 微米(μm)=10^{-6} 公尺　　1 埃(Å)=10^{-10} 公尺

1 奈米(nm)=10^{-9} 公尺　　1 奈秒(ns)=10^{-9} 秒

1 微安培(μA)=10^{-6} 安培

英制

1 磅=0.454 公斤重

| 1 哩=5280 呎 | 1 碼=3 呎 | 1 呎=12 吋 |
| 1 哩=1.609 公里 | 1 呎=0.3048 公尺 | 1 吋=2.54 公分 |

台制

1 台斤=0.60 公斤重

1 台尺=0.30 公尺

試 題 ·· **Exercise** >>>>>>>

1. （　） 1 μm（微米）= 　(1)10^{-3}m 　(2)10^{-6}m 　(3)10^{-9}m 　(4)10^{-12} m（米， meter）。

2，3，4 題目選項：AV 端子(Audio Video Connector)、S 端子(Separate Connector)、VGA(Video Graphics Array)、HDMI(High-Definition Multimedia Interface)、USB(Universal Serial Bus)。

2. （　） 教室內筆記型電腦接單槍，要接 15 針的接頭是 　(1)AV 端子 　(2)S 端子 　(3)VGA 　(4)HDMI 　(5)USB。

3. （　） Full 1080P 的高解析（清晰、畫質）電視必須配備有 　(1)AV 端子 　(2)S 端子 　(3)VGA 　(4)HDMI 　(5)USB。

4. （　） 電腦可以接 127 種周邊設備的接頭是 　(1)AV 端子 　(2)S 端子 　(3)VGA 　(4)HDMI 　(5)USB。

5. （　） 下列何者有誤？ 　(1)DVD 可儲存 4.7GB 的資料是 VCD 的六～七倍 　(2)藍光碟(Blu Ray Disk)可儲存 25 GB 的資料 　(3)Floppy Disk 可儲存 14.4MB 的資料 　(4)VCD 可儲存 700MB 的資料。

6. （　） 要享受及自製 Full 1080P 的高畫質電視(HDTV，High Definition TV) 影音光碟必須有 　(1)藍光播放機 　(2)HDMI 接頭 　(3)HD 的攝影機 　(4)標示 Full 1080P 的高畫質電視 　(5)以上皆是。

7. （　） 下列何種非線性剪輯軟體是微軟公司出版且不用付費 (1)Windows Live Movie Maker 　(2)Media Studio Pro 　(3)Premiere Pro。

8. (　) 儀器中的保險絲壞了,該如何處理?　(1)打電話請儀器行派人來修(要花費 500 元以上)　(2)暫以金屬絲代替　(3)尋任一保險絲換上　(4)找到安培數符合的保險絲就可自行替換(只要花費 2 元至 5 元)。

9. (　) 下列何者有誤?　(1)三用電表無法測交流電流　(2)測電阻時,不可與任何電源連接　(3)三用電表可測電晶體　(4)測試時從小檔切換到大檔。

10. (　) 交流電壓簡稱　(1)DCA　(2)ACA　(3)ACV　(4)DCV　(5)DVA。

11. (　) 一Ⓐ一此符號代表　(1)電壓表　(2)溫度計　(3)電流表　(4)馬達。

12. (　) 為了同時量測一電阻器中的電流及兩端電壓,下列哪一種電路的接法是正確的?

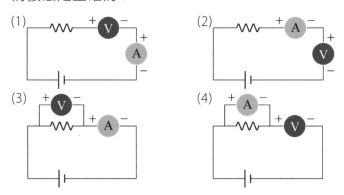

13. (　) 光觸媒是利用那一重要化合物　(1)二氧化鈦　(2)白金　(3)二氧化矽　(4)氧化鉛　來殺菌及分解有機物。

14. (　) 儀器上的指示燈不量,可能的故障是　(1)指示燈壞了　(2)電源插頭鬆了　(3)保險絲斷了　(4)以上三種情形均可能。

15. (　) 哪一種是早期的顯示器?　(1)PDP　(2)AMOLED　(3)LCD　(4)CRT。

16. ( )　AMOLED 的應答速度為　(1)奈秒　(2)微秒　(3)秒　(4)毫秒。

17. ( )　不會產生游離輻射電磁波為　(1)伽瑪射線　(2)Ｘ光　(3)紅外線　(4)紫外線。

18. ( )　不用付權利金的手機作業系統為　(1)I-OS　(2)Android　(3)Windows Phone　(4)Black Berry OS。

19. ( )　何者屬於微米級的物體？　(1)原子　(2)細菌　(3)星球　(4)電子。

20. ( )　鑽孔機鑽地或水泥會產生　(1)20　(2)40　(3)80　(4)120　分貝的噪音。

21. ( )　環保署公布低頻磁場標準建議值為　(1)20　(2)100　(3)833.3　(4)1200　毫高斯(mG)。

22. ( )　高畫質電視 Full HD 的解析度為　(1)2048×1536　(2)960×640　(3)1024×768　(4)1920×1080。

請掃描 QR Code，下載習題解答

參考資料 | References

左卷健男著，高淑珍譯《圖解化學超有趣》，世茂出版有限公司，2003。

周秋香著《自然科學與生活科技》，心理出版社股份有限公司，2005。

花形康正著，彭建榛譯《生活用品中的科學》，世茂出版有限公司，2006。

城戶淳二，王政友譯《Organic Electroluminescence》（有機 EL），世茂出版有限公司，2004。

陳惠貞等著《新世代計算機概論》，學貫行銷股份有限公司，2004。

Struan Reid "Invention & Discovery", 1986 Usborne Publishing company, London, England.

CHAPTER 03

運輸與動力科技

LIVING
TECHNOLOGY

3.1 單車演變

　　腳踏車又稱單車、卡踏車、自行車、自由車、鐵馬、孔明車、或稱自轉車（日本名稱）及腳車（新加坡名稱）。發明至今已有數百年的歷史。但自從引擎發明以來，人們把腳踏車當成落後的象徵，一般的單車車速最多只能到每小時 15 公里(Km/hr)，直到公路跑車創造一個巔峰，但是競速的公路跑車只為一個用途，使得騎單車的人越來越專業、也越來越少。

　　如今高科技的單車不斷推陳出新，精確的換檔系統、碟煞、摩擦力適當的輪胎、風阻的克服、道路系統的完備、便利商店的林立、手機的普及。如此，危險情形減少及補給的及時，加上鮮豔美麗又貼身的衣服也吸引了許多騎車族、預計油價又有猛升的可能。且經過一年半載的訓練，現在一般的單車騎乘車速很易達到 32 公里／小時。

　　如果摒除風吹、雨打、太陽曬各種因素，單車是一種可適合各式各樣，各種年齡層的人當成健康、樂趣及環保的活動。單車重新被肯定，人們發現單車可能是解救都會交通擁擠的靈丹，騎單車速度快到可以帶你到夠遠的地方，又慢到可以讓你到處欣賞風景，是旅遊的好方式。

　　十八世紀末，英國學者馬爾薩斯(Thomas R. Malthus)預言，人類因人口壓力不可避免會有大規模的飢荒及戰爭，但拜農業及工業革命，不但沒有飢荒，且人的生活水準提高了。代價卻是生態環境大規模的破壞。據估計每年的石化燃料產生的二氧化碳，一半等於英國泰晤士河整年河水的流量。百年地球室溫已身升高了 0.9°C，高山冰河及北極冰山已快消失了。溫室效應及全球變遷變成本世紀的大問題。發展綠色能源及節能減碳，正是單車發展的另一契機。

　　騎單車上班談何容易，風吹、雨打、太陽曬大家都不愛。臺灣只有冬季可騎單車通勤。但在較短、較近的路途，則比較限制少。不然使用鋰離子電動輔助單車，由電力供給 30~80%的動力給單車，也可延長騎單車上班的季節。偶而街上也有將單車改裝成電動單車的巡航車輛。

　　電動輔助單車被設計取代機車，又可健身減肥、降低汙染的交通工具。在都市的小巷中活動，電動單車比你想像中便捷。騎電動輔助單車可幫助上學上班，減少汗流浹背的窘態，但是也須有安全的地方放置較貴的電動輔助單車。

3.2 單車運動的解析

　　騎單車可以增強心肺功能、降低血壓、保持體態苗條而且運動傷害少。騎車可以輕易地控制運動強度，從比散步更輕鬆的運動量到身體極限負荷，漸進、溫和地提高運動量。但是騎車強度多少才好？目標心跳區是多少才好呢？

　　心跳單位是 BPM(Beat per minute)，依公式計算，每個年齡都有最低與最高目標心跳區域，此局域我們稱之為「目標心跳區」，依照訓練需求可分 3 個運動強度如表 3.1 所示。

◆ 表 3.1　目標心跳區與依照訓練需求

高強度	最大心跳率的 80~90%	適合短矩離劇烈競賽運動或運動選手，不建議一般運動者
中度	最大心跳率的 70~80%	適合增進有氧運動者
低度	最大心跳率的 60~70%	適合一般健康運動者

　　計算公式為：220－您的年齡＝最大心跳率(BMP)

　　例如：年齡 40 歲的運動者的目標心跳區域之計算 220－40=180（最大心跳率）

　　高度運動強度：180×(80~90%)=144~162

中度運動強度：180×(70~80%)=126~144

低度運動強度：180×(60~70%)=108~126

自行車講究的是心肺功能的訓練，當你上坡的時候就用變速器代替腳力的重踩！爬坡，齒輪比是前小後大，要踩很多圈才能到達一定的上坡速度，這個時候就是在練回轉速（RPM，Revolutions per minute，每分鐘幾轉（圈）），回轉速也稱 cadence，所以買自行車碼表的時候要買有回轉速(RPM)的，這樣才能知道自己前一個月騎跟後一個月騎有沒有進步？但是自己騎乘自行車的時候，到底有沒有把最大潛能發揮出來，還有爬坡抽車心跳多少下的時候，可以有多久耐力爬多久？則要用心跳(Beat per minute, BPM)表來參考，下面就是用心跳表來對應可以持續多少時間，才不會讓體力透支。依照使用情形可再細分成 5 個運動強度及持久時間，如表 3.2 所示。若年齡 30 歲的運動者的目標心跳區域之計算，則最大心跳率為 220－30=190 下／分鐘，就是每分鐘心跳 190 下：

◆ 表 3.2　運動強度及持久時間關係

範圍	強度%		持久時間
MAXIUM 極限	90~100%	171~190 bpm	小於 5 分鐘
HARD 強	80~90%	152~171 bpm	2~20 分鐘
MODERATE 中	70~80%	133~152 bpm	10~60 分鐘
LIGHT 輕	60~70%	114~133 bpm	60~300 分鐘
VERY LIGHT 非常輕	50~60%	95~114 bpm	2~6 小時

這個意思是當心跳率達到 90%的時候，只能維持這樣運動的體力達小於 5 分鐘的耐力，當心跳率 80%的時候，自行車的運動持久力，只能在 2~20 分鐘以內，....當然，以耐力最好能騎的最久的，應維持心跳率在 60%左右，如果能善用這個表格，去控制騎車時心跳速，可騎的又輕鬆又養生。由此可知，心跳表是個很大的學問，這也是各種比賽要同年齡的分在同組

一起比。若年長者不計心跳，參加精英組，與十幾歲的國手同組，拼命的
用力，最後一定會心臟衰竭而亡。舉凡騎車到一個程度的人，都會買一支
心跳表，來鍛鍊自己的心肺能力，也可保護自己。

3.3 單車科技的解析

》 3.3.1 空氣摩擦阻力

　　物體如汽、機車及單車在空氣中運動的時候，空氣會對騎士施以空氣
阻力。空氣阻力，簡稱風阻。風阻與有效迎風接觸面積、前進速度的平方
以及阻力係數成正比。汽、機車有引擎提供動力，但也考慮風阻，在販賣
車時常提供風阻係數；騎單車比賽及力竭騎不動時，更想減少摩擦阻力及
風阻。當速度增加 1 倍時，測試阻力約增加 3 倍；所以假設當速度增加 1
倍時，風阻變成原先的 4 倍。

　　先不考慮車輛摩擦等其他阻力，假設以 25 公里／小時正面迎風騎
乘，所受的空氣大約為 15 牛頓（Newton，N；是一種力量單位，提起 1
仟克的物質所需的力量大約等於 9.8 牛頓）。因此你的腿只要施力超過 15
牛頓，就可以維持這一個速度前進，但如果想要加速 1 倍到 50（公里／
小時）時，就需要面對 60 牛頓的空氣阻力，你的腿必須要提供 4 倍的力
量才行。

　　如果想以 25 公里／小時前進，當無風的時候需要出 15 牛頓的力量，
在順風 15 公里／小時（2 級設為微風，人面感覺有風，樹葉搖動）的情
況下，對於空氣的前進速度只有 10 公里／小時（25 − 15=10），所以只要
出 2.4 牛頓的力量就可以，但在逆風 15 公里／小時，相對於空氣的前進
速度是 40 公里／小時（25+15=40），所需要的力量也由 15 牛頓增加到 38.3
牛頓，你的腿必須要提供 2.6 倍的那麼多力量才行。這就是逆風與順風騎

車時，感覺的差別。事實上，15 與 25 公里／小時都是平常騎單車時常會遇到的情形，不算很強的風，如果用風速討論可能比較難體會，舉個實際例子，淡水或恆春冬季起風時多超過 40 公里／小時。

　　要減少空氣阻力，彎姿騎乘有一段時間打破了許多記錄。而斜躺車風阻更低，破紀錄更多，1914 年 UCI 改變規定，特別禁止空氣動力裝置如外罩或鼻錐，自此之後，正式的賽事也就看不到減少風阻外罩的身影了。1934 年又規定斜躺車歸入為人力推動無特殊空氣動力裝置(HPVs Human power vehicle without Special Aerodynamic Features)，斜躺車從此不能與單車比賽，無法列入單車的紀錄。

　　若是沒風阻，John Howard 跟在擋風機車後，創造了單車 243 公里／小時的極速，如此令人爭議的速度，可能是單車不但沒風阻，而且擋風機車產生氣流，讓單車變成順風，才有如此快的記錄。有外罩的斜躺車在200 公尺短距離內也可達 130 公里／小時，一小時的平均也達 87 公里／小時。斜躺車除了騎乘時不用彎腰，背部有足夠的支撐，感覺較舒適外，其風阻也較正姿騎乘減少 40~60％上下。對於一般車友而言，減低風阻的效果和彎姿騎乘差不多，但斜躺車的姿勢顯然是舒服多了。加裝外罩的斜躺車因車身低，在一般路上不易被看見，若是加一長旗桿及旗子，風阻又會增加。加之斜躺車踏板不在單車的重心，控制不易，加裝外罩的斜躺車內部悶熱，所以記錄都在能控制的場地進行。臺灣目前只有百多輛，並不普及。

⏩ 3.3.2　輪胎滾動摩擦阻力

　　地表越粗糙、輪胎越粗糙、輪胎與地表的接觸面越多、輪胎氣壓越不足、單車與車手的體重越重，輪胎滾動摩擦阻力越大。公路車比登山車胎細一半，胎壓卻比之多一倍以上。公路車胎壓可達 110 psi(pound per square inches，lb/in^2)，登山車胎壓不可超過 60psi。公路車輪徑是 700×23C，而登山車輪徑是 26 吋（約 660 毫米），由此三個數據，可知以同樣的能量騎

乘，公路車比登山車車速至少要快 7 公里／小時。因公路車輪徑與登山車輪徑不同，新設定按裝單車碼表時，要設定對的數值讓碼表運算，不然車速及行駛里程的誤差會很大。

登山車構造簡單，可騎乘於沙灘、石頭路及高低不平的越野林道。也可更換不同胎寬車胎，見圖 3.1，最右為一般公路車車輪，中間為登山越野可折疊的寬輪胎，最左為登山車最細胎，胎寬為 1.3，適合公路或混合騎乘。

⊃ 圖 3.1　登山車與公路車的車輪

公路車原設計只可騎於低海拔的丘陵地或平地，最近卻流行更改大齒盤，由 39 齒換成 34 齒，可騎至武嶺或阿里山、塔塔加。公路車上坡比登山車還要快很多；但是下坡車速更快，700 C 輪徑大重心高，無胎紋的輪胎與地表的接觸面少，沒有碟煞而煞車效果差，緊急時車鞋的卡踏無法與踏板分離，往往在轉彎處飛出路面，臺灣目前已知有兩位國手名人摔下山谷而亡。單車的種類多，技術應用不同，需與團隊共騎，互相照顧。準備不周，又好勇尬車，往往造成傷害，要多避免。

▶ 3.3.3　單車內在機構阻力

　　鏈條、變速器及培林(Bearing)需要清潔及上油，但又不適合泡在煤油中清洗，培林避免碰到水，不然兩小時以內會生鏽。培林本身是消耗品，勤於更換可減少摩擦，增加效率。避免碰到水與泥，減少保養，也可採用較貴、換檔檔數較少的內變速系統。

▶ 3.3.4　單車的結構

一、車架材質

1. 高碳鋼：強度和韌性極佳，傳動效率高，管材口徑較小，但比較重。

2. 鉻鉬合金：較輕，鋼性較強。

3. 鋁合金：硬度較高、比重低，傳動效率高，7 字頭的配方可抽成口徑較粗的車架。不生鏽，好騎且保養簡單是目前盛行的原因。

4. 鈧合金：量輕、強度強、車架剛性高，可以以碳纖的把手減少震動。

5. 碳纖：質輕，有彈性、吸震效果佳，可塑造成各種形狀。公路車沒有避震系統，利用整支碳纖車架來吸震，減少長途騎乘的疲勞。但碳纖不耐高溫，夏天汽車在陽光下直射，車內溫度達 70°C 以上，車架會變形，與碳纖網球拍一樣，變形後無法使用，變成廢物。

6. 鈦合金：集輕量、強度、韌性優點於一身，管材口徑小，呈暗褐特殊金屬色，通常不另外噴漆。

7. 複合結構：鋁合金車架加碳纖的前叉與後叉下管，碳纖的後叉下管是直接叉入鋁合金車架的下管中。碳纖的前叉與後叉可吸震，鋁合金車架不怕撞擊好保養。

二、單車依功用可分為

1. 城市休閒的小徑、折疊及淑女車，一般只有一支橫軸與前後輪相接，平衡性差，能量損失大，至多在 50 公里內活動。

2. 登山車：依活動地形又分為下坡車(Down Hill，DH)，全功能車(Cross Country，XC)，曲道土坡車(Dual Slalom，DS)，全山地(All-Mountain Bikes，AM)，自由騎(Freeride)，林道騎乘(Enduro)。下坡車顧名思義是專注困難的下坡，於時間內完成的騎乘，上坡是由汽車或滑雪纜車帶上。自由騎是介於單車與機車的騎乘。全功能車就是一般大眾所說的「登山車」與林道騎乘車相近。AM 則介於 XC 與 DH 之間。

3. 公路車：公路車以競選為主，輪大、胎細，含碳纖的車架與輪組，加上卡鞋，讓速度大幅提升。

三、單車的結構

1. 仿效單車的折疊機構，有的設計能量損失小，50 公里內可能能跟上主集團或公路車的活動團隊。

2. 鑽石形硬尾：登山及公路車最基本的車架，強度、經濟、效率各個面向都均衡的車架。一般都以多個三角形車架的組成來解釋其平衡性及高效率。

3. 無轉點避震：以車架本身材質的特性作避震效果，以韌性較佳的鋼材、碳纖和鈦合金等材質均可勝任。

4. 單聯桿式後避震(Single Pivot)：登山車使用的結構簡單避震車架，有彈簧與避震效果好，相對的踩踏時會損失較多的動能。

5. 多聯桿式避震(Multi-Link)：登山車使用的兩個以上的轉軸，複雜的聯桿設計，既想求得避震效果又要減少踩踏動能損失。

6. 四聯桿式避震(Four-Bar Link)：登山車使用的多聯桿式避震的演進板，號稱踩踏無能量損失多，但是有四個接頭，接頭含有四個軸承，或稱培林(Bearing)，整車重量變重。

四、煞車

1. C 夾煞車(side pull)

公路車原設計是行駛平坦的路面，所以採用效果最差的 C 夾煞車。煞車力弱且易卡到泥漿或泥巴。

2. 懸吊式(cantilever)

國中生上下課騎的代步車，因速度慢常採用懸吊式煞車。早期發展的登山車煞車系統也採用它。懸吊式煞車簡單可靠、重量輕，煞車的控制感較 V 夾為佳。但煞車的效率差所以較費力，長途下坡會拉煞車拉到手軟，一不小心造成意外。

3. V 夾煞車(v-brake)

簡稱 V 煞，V 煞以槓桿原理提升煞車的力道，利用鋼絲拉動兩片煞車片，煞車片有不同的橡膠規格，高速度的公路車要很講究，有的橡膠同時含有晴天用與雨天用的橡膠。V 煞省力而靈敏強勁，緊急煞車時常用力過猛，把車輪鎖死，造成前空翻摔斷鎖骨或後輪打滑，沒戴安全帽甚至造成腦震盪。怕前空翻，可調整 V 煞的橡膠片離開車輪遠一點，這樣煞車制動時間會延遲，讓心理能進入煞車狀況。若自己不會調整，車子的煞車從車店剛校調完成出場，開始要適應一下，以瞭解煞車時程的快慢。

4. 碟煞(disk brake)

汽車一般採用前碟後鼓，碟煞運用到單車上變成前後都是碟煞。碟煞車感度良好，既不會太銳利也不會拉到手軟，耐用度更好，尤其下雨或在有泥路的地上，泥漿會導致 V 夾或 C 夾煞車的打滑，滑動造成煞車失靈或偏離，這時碟煞更可表現其優點。碟煞有機械式和油壓式之分，油壓式

保養不易，時間一久常要換油，油的規格與換油的步驟都不可隨便。不然長下坡路，油受熱膨脹，煞車會卡死；另外要注意將車倒立調整車輛時別拉到煞車桿，否則空氣容易跑進油壓管中影響操作，煞車也會失靈。圖3.2 為 C 夾煞車、碟煞及 V 夾煞車。

⊃ 圖 3.2　由右至左為 C 夾煞車、碟煞及 V 夾煞車

5. 變速組

變速器的重要是在「上坡省力，下坡加速省時」，所以是省時省力的工具。現行登山車主流的變速組高達 27 段（前三後九的齒輪配合），2009年已有 30 段（前三後十的齒輪配合）基本上已經可以發揮登山車所有的威力了，不同段數的變速組要配不同的鏈條。

6. 變速把手(Control Lever Shift)

早期老鋼管車、學生車及三項鐵人比賽車(Triathlon Bikes)用拉桿式變把。拉桿式變速把手裝在單車身、車架或龍頭上，變速操作困難，檔位也不易一次到位。除三鐵車外，拉桿式幾乎已不再風行。三項鐵人比賽車簡

稱三鐵車。因為三鐵賽規定不可跟隨前車騎以降低風阻，所以三鐵車要體現雙手向前伸直產生低風阻的經驗，將拉桿式的變速從單車身移至放置手肘休息把的前端，騎車時身手切風前進。

現在幾乎都是用一次定位到檔位變速器，主要有指撥式和旋把式(Thumb Shifter & Grip Shifter)。旋把式則以英國的 SRAM 商聯為主。而在市場上指撥式變速器比轉把式更受歡迎，指撥式能正確的變到檔位上。指撥式不論採正向或反向式，要以手指施力撥動讓鏈條跳至較大盤（飛輪），但是要變回原來的檔位，則可藉回彈彈簧輕鬆的彈回正確的檔位。公路車以煞變把(Dual Control Lever)為主，即煞車及變速兩種功能在同一變把上。

7. 前大齒盤(Crankset or Chainrings)與後飛輪（Freewheels 或 Cassette Sprocket）

利用前後齒輪的配合來改變踩踏／後輪轉速比，應付平地高速、爬山高扭力輸出的需求，一般較好的登山車應有 27 段及公路車有 20 段以上的變速組合。

8. 變速器(Derailleur)

分為前及後變速器，前變速器控制大齒盤的變速，後變速器控制飛輪的變速。變速把手以鋼索拉動變速器的定位，導引鏈條在齒輪上的位置達到變速的目的。

9. 避震器

使用避震器是登山車的重要發展，可以增加操控性和舒適性，為適應更顛簸的非道路或攀岩路況，加上騎乘技巧讓登山車可以在崎嶇的地形上騎的更快更舒適。登山車使用可鎖死的避震前叉已經成為標準，當在平地時選擇鎖死，減少踩踏損失；山路崎嶇地形時再解鎖，抵制坑洞與顛簸。下坡車(DH)直接由高點衝下爛地形，則具備前後避震。避震的材料有彈簧、優力膠避震（Elastomer，是一種強固彈性佳的塑膠柱）、油壓避震（線圈彈簧+油壓阻尼）、氣壓避震（以高壓空氣當主彈簧）、氣油壓避震（以

高壓空氣當主彈簧並且加上油壓阻尼）等方式來搭配使用。一般是選用油壓避震是最好的，避震器通常都可以調整彈簧預壓量和有鎖死功能。

10. 踏板與卡鞋

以前踏板是利用塑膠籠將腳踏及腳包住，讓騎士的腳在騎乘中不會鬆脫。1980 年法國 Look 公司將滑雪安全踏板改良給單車使用。踏板和鞋子固定在一起可以發揮最高的踩踏效率，尤其上坡及長途騎乘效果最顯著。1985 年 Bernard Hinault 利用卡式踏板贏得環法單車賽。但問題是停車時要及時把鞋子和踏板分離以免摔倒。卡式踏板（SPD，Simano Pedaling Dynamics 或 pédales automatiques）有很多種形式，但解套的方式都是一樣，腳跟向外撇即可脫離。避免摔車，正式騎乘之前應多多練習卡入和解套，直到成為反射動作為止。

11. 氣嘴

氣嘴有兩種主要類型—法式和美式(Schroder Valve)，美式氣嘴和汽機車相同。隨車打氣筒大都具備兩種規格，而一般腳踏車店或機車行不能打法式氣嘴，除非自備轉接頭，必須注意。英式氣嘴(Woods Valve)在日本較流行。

12. 坐墊

坐墊是單車非常重要的零件，長途騎乘最難克服的問題之一就是屁股痛。騎馬對屁股的衝擊比單車大，為什麼蒙古人日行千里，所以有人說坐墊是給靠的，不是坐的。公路跑車的碳纖坐墊細長又硬，幾乎顛覆了坐墊的定義，它好像是虐待人的工具，想一想若只是給人靠的則比較釋懷。一般短程用途的坐墊較柔軟，女用坐墊比男生寬闊。攀岩車坐墊低下且小，幾乎沒功用。越野車的坐墊小，保持踩踏順暢；下坡車用坐墊則較長而圓。

13. B.B. (Bottom Bracket)五通

中軸俗稱五通，這個隱藏且關鍵性的傳動零件，位於車身的下方左右曲柄中間的轉軸，再外接至踏板。此處承受大部分的踩踏力量。現已有與大齒盤(Crank set)接在一起的產品的零件，可減少拆卸的困難。如果在其他相關螺絲都已鎖緊而搖動曲柄仍有間隙或發出聲音，表示內 B.B.的軸承或其他元件已經耗損或缺潤滑，必須更換潤滑油或軸承等等。一般 B.B.軸心鎖上曲柄的地方是四方型，也有梅花齒八爪型，更換時必須注意。

14. 工具組

圖 3.3 為旅行必備物品，應包含 2~10 mm 的六角鈑手(Allen or Hexagonal Wrench)、打鍊器、打氣筒、補胎工具包含拆胎棒，膠水及補丁，規格相同的內胎備胎、法式氣嘴轉接頭。長途騎車可帶折疊式外胎，折疊式外胎是由克維拉纖維(Kevlar)製成胎唇，與普通的鋼絲胎唇不同。令外也可帶一些膠帶、緊束帶以防止意外的斷裂。安全帽及袖套要直接穿戴著。

⊃ 圖 3.3　為旅行必備物品

⚡ 3.3.5　騎乘技巧

　　最快讓你習慣單車並養成良好平衡感的方法不是把它騎得飛快,相反的,越慢越好。找一片空曠地,試著慢慢騎,練習平衡單車(如果你可以靜止單車並保持平衡那最好),並試著站起來騎、前後左右改變你的重心;把玩變速器、煞車,直到你可以確定每一個操作所導致的後果,試著體會前後煞車的不同特性;如果都沒有問題,再找一片空曠但有障礙如石塊或凹凸不平的地方,就好像小孩子學騎車一樣去玩它,慢慢地體會閃避障礙物及過障礙物的感覺。

提早變速

　　當您覺得踩不動車子時才想要變速,可能會因鏈條受力太大而使得變速器無法動作,遇到上坡地形應該提早變速(將前齒盤由大變小或後齒盤由小變大),才能騎乘順暢又不損傷相關變速元件。

　　變速時倒踩踏板或前後變速器同時動作可能會有掉鍊的情形發生。不要重齒數起步,停車前先退回較輕的齒數,可降低後花鼓和齒盤的損耗。

　　上坡除了要提早變速,爬陡坡還必須將身體重心向前移、彎身降低騎乘的角度,因為低齒數的高扭力常使得前輪浮起而喪失平衡,必要時可加裝牛角可使爬坡更順手;衝刺或攻短坡時可以站起來騎。遇下坡則必須將身體重心向後移(如果是長下坡路段,可事先將坐墊降低),用眼睛餘光先觀察要走的路線,控制前後煞車的力道,切記勿於高速時急拉前煞車,這會讓你人仰馬翻。

　　上坡時屁股前移、身體向前傾,站起來騎以身體重量加全身的力量來增加輸出力道。下陡坡必要時屁股向後移離開坐墊,將重心放越後面越好。高速或過彎時切記勿強拉前煞車。

過彎

　　騎單車過彎必須特別注意的一點是，因為踏板運轉到下方時已經很接近地面，如果加上轉彎時的傾斜，會有擦撞地面而發生意外的情形發生，所以下坡過彎時停止踩動並把過彎的那一邊踏板轉至上方，身體並配合向內側傾。

　　下坡高速過彎必要時也可以伸出平衡腳，內側的腳離開踏板彎曲伸出，可以幫助平衡重心，如側滑時也可以支撐身體免於倒地。

3.4 騎乘安全

3.4.1 避免交通事故傷害

　　騎乘單車應避免穿寬鬆的褲子，避免穿高跟鞋，避免鞋帶太長，右腳鞋帶應繫緊於右方，避免鞋帶捲入齒盤中。上單車應先變速至輕的齒輪，先跨越橫桿，看左後方來車，踩下踏板時順勢上座。馬路如虎口，單車停止等紅燈時移到人行道前。四線道轉彎應與機車相同，分兩次轉；兩線及四線道轉彎或直進應看自己的燈號。注意不對稱的紅綠燈，為了汽車左轉的需要，尤其是臺南市常設計成一個方向可前進，反方向必須停止。若不看自己的燈號，急忙起步，會遇到側面可通行車的衝擊。

　　上坡三分苦，下坡七分險。為避免翻車，下坡煞車要先煞後輪再煞前輪；但下坡時重心在前輪，煞後輪效果差，常煞得手痠，也不見得車速減少。煞車剛開始要適應一下，然後將 70% 的煞車力道移到前煞車，30% 的煞車力道移到後煞車。或根本改成下坡車下坡，後輪才不會側滑。坡地騎車，應選登山車，且輪胎面要粗糙有顆粒，公路車輪胎面光滑，且胎壓可達登山車二倍，公路車的 C 夾煞車效果最差，緩下坡就已煞得手痠，交通複雜、汽車多的山路應停止騎車，由汽車載下山。

🔁 3.4.2　提升維修與應變的能力

騎乘單車應學會換內胎、修理鏈條、修理變形的鋼圈、修復外胎，甚至修理變速的導鏈器。精確的換檔系統是高科技單車最重要的部分，但是目前使用最多的是外變速器，外變速的導鏈器是掛在後輪中軸的下方，登山越野車行經的根本不是正常的路。很容易被突出的石壁、樹根、藤條及石塊撞壞，將導鏈器拆下，剪下合適長度的鏈條，將變速車變成單速車，也可以脫離荒野，繼續求援。

登山隊會碰到的毒蛇、毒蜂、水蛭，騎登山車也會碰到。屏東大漢山至臺東大武的浸水營古道，降雨量全臺第二，有十個月份都是高溫潮溼，騎車通過應檢查水蛭上身，毒蜂也可能被鮮艷的車衣吸引，喜歡招蜂引蝶的車友此時也要穿外套避免被螫。帶通訊良好的手機、健保卡及零錢，是求助的工具。

🔁 3.4.3　避免紫外線傷害

一、皮膚曬傷

臭氧層的持續破壞，造成有害的紫外線(UV-B)增強，在澳洲、美國等地區皮膚癌的病患越來越多。在沒有任何的防護措施下，皮膚經紫外線直接照射，當紫外線指數達過量級標準時，假設你在太陽下活動，穿著短袖衣服而沒有使用防曬乳液、戴上帽子或撐傘等防護措施，那麼在 20 分鐘之內就可能曬傷；然而，皮膚對紫外線的反應會因人而異，一般而言，膚色越淺的白種人越容易受紫外線傷害。1997 年 5 月美國大力提倡「兒童時期的太陽，成人時期的皮膚癌」的觀念，原因是 18 歲時太陽光對肌膚所造成的傷害已然形成，並將成為日後皮膚病變之原因。

單車的車衣除要注意舒適，也要注意紫外線的傷害。彈性纖維(Spandex)原為韻律操、有氧舞蹈、泳褲的製作材料；單車風靡後，為了減少風阻，增加排汗，自然成了車衣的最佳材料，但是價格昂貴。棉與聚酯

混紡的車衣應運而生，效果功能均差不多，如表 3.3 及表 3.4 所示。但是防紫外線功能同樣重要，選前要比較。

◆ 表 3.3　各種纖維材料的性質

纖維種類		抗拉力		起縐性	酸	鹼	燃燒情形
		乾燥時	濕時				
天然纖維	棉	強	微增強	易起縐	受損	耐鹼	易燃，如燒紙味
	羊毛	弱	微變弱	不易起縐	較耐酸	易受損	如燒頭髮一樣臭味
化學纖維	彈性纖維	強	強	不易起縐	較易受損	耐鹼	易燃
	聚酯	強	不變	不易起縐	耐酸	耐鹼	熔化而燃，發黑煙，冷卻尖端變玻璃珠狀，無臭味

◆ 表 3.4　彈性纖維與棉聚酯混紡材料的比較

棉 100%	聚酯 100%	棉 65%聚酯 35%	彈性纖維(Spandex)
☑吸水性良好	☒不吸水	☑適當吸水性	☑適當吸水性
☒易起縐	☑不起縐	☑不易起縐	☑不易起縐
☒乾燥速度慢	☑耐磨擦，抗拉	☑強韌	☑強韌
	☑乾燥速度快	☑乾燥速度適中	☑乾燥速度快
			☒價格高

二、皮膚病變

在陽光曝曬下，紫外線容易引起皮膚細胞的病變，造成日光性角質化，使皮膚變厚、變紅及變得粗糙，容易發生的部位為手、手前肘及頸部，在曝露的時間及次數持續加長下，則可能導致日光性角化或更進一步產生鱗狀上皮細胞癌、基底細胞癌甚至黑色素瘤的產生。

三、眼睛

1. 眼睛的防護作用

就眼睛方面而言，基本上紫外線對眼睛沒有任何益處，但是許多長期與急性的影響是可以預防的。眼睛有天然的保護紫外線輻射的作用，眼球的棋向排列方式，眼窩的凹陷構造，可以有效的減少全天域的紫外線輻射量。當眼瞼遇到強光，會有自然的眨眼反射動作，提供進一步的保護作用。

2. 眼睛的傷害

紫外線對眼睛的傷害大多發生於水晶體及眼部周圍，容易導致眼部周圍皮膚癌、視網膜的變質與退化，嚴重者更可能造成水晶體透明度損害，可能造成失明。

3. 白內障

紫外線與白內障的關聯性是最常被相提並論的，白內障係指水晶體混濁的現象，引起視力障礙。過度的紫外線曝曬會導致眼球內水晶體蛋白質氧化變性，造成水晶體混濁而影響視力。

白內障手術後的患者，由於少了原有的水晶體過濾紫外線的作用，更容易引起視網膜及黃斑部的病變，雖然現在有可以抗紫外線的人工水晶體植入眼內，手術的病患仍然應隨時注意紫外線的防護。

四、免疫系統

　　紫外線會抑制細胞的免疫能力，造成 DNA 破壞、胺基酸同質異構與維他命快速代謝。在陽光的曝曬下，紫外線會導致白血球的抵禦功能降低，造成免疫系統傷害。即使是深色肌膚的人亦容易損傷其身體的免疫機制。免疫系統的傷害會局部性地出現在皮膚，也會有系統地出現在全身，嚴重者會造成癌症的發生。

五、紫外線指數

1. 紫外線指數

　　由於紫外線的輻射量與太陽的角度有密切的關係，在日正當中（太陽天頂角為 0 度）時，紫外線輻射的強度最大，為保護民眾免於紫外線的傷害，目前將每日的「紫外線指數」定義為午時所計算出來的輻射量。

2. 紫外線指數分級

　　目前臺灣地區依據紫外線對人體健康的影響將紫外線指數(UVI)分為 0~15 級，其中指數 0~2 的曝曬級數為微量級，指數 3~4 為低量級，指數 5~6 定為中量級，指數 7~9 為過量級，指數 10~15 則為危險級。

　　紫外線中 UV-B 因會引起皮膚曬傷紅腫，一般防曬化妝品的防曬係數多為延長 UV-B 造成皮膚曬傷時間的能力來表示；最近則因 UV-A 可穿透皮膚真皮層而造成皮膚變黑、老化、失去彈性以及易生皺紋等，對於 UV-A 的防護也越來越重視；至於 UV-C 則幾乎無法到達地面，並未受到重視。

六、抗紫外線保養品

　　市面上抗紫外線的保養品，依照作用機制可分成二大類。化學性防曬成分為對胺基苯甲酸酯類、水楊酸酯，肉桂酸酯及二苯基酮等，主要作用為吸收紫外線；物理性防曬成分常用二氧化鈦及氧化鋅等，主要作用為反射或散射紫外線。只含物理性防曬成時，皮膚刺激小，較適合兒童使用，

惟市售產品單純使用物理性防曬成分者仍為少數，大多與化學性防曬成分混合使用，以提高防曬效果及增加產品對 UV-A 的阻隔效果。圖 3.4 為各種防曬油及其指數。

⊃ 圖 3.4　為各種防曬油及其指數

　　各國對防曬係數及標準測定方法尚無統一標準，選購時可多加留意，以下為常見防曬品防曬係數說明：

1. SPF：太陽防護因子(Sun Protection Factor)為美國系統的防曬係數。防曬效果為 SPF×10（分鐘），故 SPF15 為 15×10=150 分鐘。

2. IP：防護指標(Indicia Protection)，歐洲防曬係數的標示，IP×1.5=SPF，即 IP10=SPF15。

3. PA+：Protection Grade of UVA，日本厚生省要求日本國產品必須標示其可防止 UVA 的效能。PA+表輕度遮斷，PA++表中度遮斷，PA+++表高度遮斷。

3.5 其他運動休閒及旅遊工具

　　電動腳踏車及電動滑板車是最新發展迅速的移動工具；舒適及快速的特質逐漸受到消費者青睞，使用者也得以隨心所欲地享受短程慢遊。騎乘者踩動踏板後車上所置之電力馬達即開始運轉，提供約人工出力兩倍的輔助動力。此一創新概念；換句話說騎乘者透過踩踏自行車踏板所產生的動能將與等量的動力馬達動能相結合，以啟動電動自行車。此類比例是電動自行車時速可達 30~35 公里，電力可供應 45~90 公里；甚至是身著西裝、打著領帶的紳士亦可輕鬆自在地騎乘。圖 3.5 臺灣 gogoro 牌推出的電動自行車，此款電動自行車行駛每一百公里一小時消耗一千瓦的電力，等同 0.1 公升瓦斯的能量，約只需 20 美分的消費。中國的小米手機推出電動滑板車的成功，竟然已宣布要發展電動汽車。

⊃ 圖 3.5　臺灣 g 牌推出的電動自行車

　　直排輪是一種受人喜愛的運動工具。一般直排輪的輪徑中等約 70 公分，現在競速用直排輪輪徑已由 70 公分進步到 110 公分，將來會用到 125 公分；輪徑越大速度越快，以同樣時速滑行則越省力。電動輔助的直排輪將來也會隨電動腳踏車一樣普及。圖 3.6 為上面是花式直排輪，中間是一般直排輪，下面是競速直排輪。

⊃ 圖 3.6　各式直排輪

3.6 工業動力與傳動

　　舊型的單車以齒輪及鍊條動，但是新型 g 牌推出的電動自行車使用三角皮帶效果更好。挖土機以連桿形成閉合鏈來傳動。帶輪用在木工車床上。汽車進氣排氣門的凸輪，可將旋轉運動變成往復（直線）運動，準確啟動汽車引擎。動力傳動的重心是軸承，單車方向盤或兒童的溜冰鞋裝鋼珠，可能就以足夠轉動或滑動，但是長久行走的汽車或比賽的單車或輪鞋，一定會裝上最堅固及摩擦力最小的軸承(ABEC 11)或陶瓷軸承。軸承（bearing，臺灣俗稱「培林」），滑板用的軸承一般規格為 608 或 688，每顆輪子需要兩個軸承；特性規格則以 ABEC 標示，代表軸承每分鐘的轉速。

　　火車外燃機採卡諾循環，以及內燃機的二行程循環(Two-stroke engine)基本運轉形式是往復活塞式的引擎，二行程循環以「上行」和「下行」兩個行程完成一個工作循環中的進氣、壓縮、點火、排氣四個運動。行程指的是發動機的活塞從一個極限位置到另一個極限位置的距離或運動過

程。二行程引擎沒有氣門？因為它是用強制掃氣法，不是像四行程引擎用的進氣排氣是用活塞吸進跟擠壓排出！二行程排氣多、汙染大、引擎潤滑差，機油消耗快。

電動機俗稱「馬達」比往復活塞式的引擎進步有彈性。馬達一般乾淨、安靜、能瞬間啟動馬力大。分為三種：1.直流馬達(DC motor)、2.交流馬達(AC motor)、3.脈衝馬達：或稱步進馬達(Stepping motor)，若將脈波加在周圍磁場，可將依圓周（360度）分成 200 步(step)，每步 1.8 度，如此可做精密的角度或距離控制，這樣複雜的汽車工業機器人少不了它。

3.7 汽車與單車

萊特兄弟原經營單車生意，利用單車輕量化的觀念，運用到飛行載具，成功的發明了飛機。汽車給人類的方便，十倍於單車。但在地球資源將盡，溫室氣體飆高，如何有效使用能源，變成汽車工業永續經營的不二哲學。如何教導汽車使用者減少汽油用量，仿傚單車輕量化至少可提供幾項觀念。

1. 增加胎壓，在安全範圍內每增加 10psi 的胎壓，可減少 15%的汽油用量。在山區則要降低胎壓，下坡會自動減速以免危險。

2. 車上不要放置非必要的重物，因為車上任何重量都會增加耗油量，每增加四十五公斤的載重，就會使汽油使用效率減低 1%以上。

3. 使用車用冷氣會增加耗油量。深色的車身和內裝易吸收太陽熱能，耗費冷氣。

4. 自動排擋行車情況，以 40~100 公里時速平均速度行車時，引擎轉速一般都保持在 1800~2000 轉，急加速時則會升至 3000 轉左右。因此可以認為 2000 轉是一個經濟轉速。

5. 輻射層輪胎較傳統斜紋輪胎有較佳的里程效率。輪胎胎壓不足時，容易磨損輪胎的邊緣，耗油又減少車胎壽命。胎壓太高時，雖可省汽油卻會將車胎的中央部分快速磨損。

6. 油門的操作必須緩和，並保持定速，避免緊急煞車。

7. 避免在交通尖峰時開車到擁擠的道路上，因為走走停停最耗費汽油。

8. 買新車要注意車子的規格細節，自動排檔的汽車較手排檔汽車耗油。汽缸越大的車子耗油量越多。一般仍是以 1300~2000 C.C.左右的汽車較省油。

9. 經過正確保養、調整轉速的汽、機車，請不要再將轉速任意調整，以免耗油、增加汙染又損害引擎。

10. 不要讓引擎空轉，停車若超過三分鐘，就請熄火。

11. 定期調整汽車引擎，提高汽油的使用效率。

12. 冷車發動後，以低速檔行駛暖車，可省油及降低汙染。

13. 汽車油箱勿加太滿，但也不可太少，否則都會增加汽油的消耗。

14. 檢查機油尺油面，每週一次，以確保油面在規格內。

15. 隨時注意空氣濾清器、火星塞及化油器的清潔，並適時更換。

3.7.1 汽車的維修

　　汽車必須有三水三油才可行走無疑，每週及長途行車前，要檢查水箱副水箱的冷卻水是否足夠，電瓶水不夠可加蒸餾水；汽油、機油及煞車油也要足夠。寒冬要去山頂看雪，必須注意汽車要符合冬季的各項要件，水箱冷卻水必須有加一半的乙二醇當抗凍劑，電瓶的冷車啟動安培數(Cold Cranking Amps，CCA)是否足夠你車子的需求。機油必須有符合低黏度的範圍。雪鏈也是必需備品。圖 3.7 及圖 3.8 為雪鏈及上鏈之輪胎。一般轎

車輪胎與緩衝器之間的間隙非常小，雪鏈容易打到緩衝器，必須有超精密的配合及專業的技師，才有成功的可能。休旅車輪胎與緩衝器之間的間隙大，較容易按裝。

如果你居住（使用車子）的環境之氣溫變化不大，你可以使用單一黏度的機油，比較便宜；假如你是住在四季氣溫有變化的地區，則必須選擇多重黏度的機油。配合不同環境選擇適當黏度的機油，是為了使你的引擎不至於在大冷天因機油太黏稠而運轉不良，或者在大熱天因機油太滑而使轉速過高。通常像 SAE 30 的機油，是指單一黏度的，適用於華氏四十度至一百度之間或更高（沒有上限）之環境；而 SAE5W-30，SAE10W-30 則是指多重黏度的機油，通常較適合冬天會下雪的地區使用，它的適用溫度大約在華氏零下二十度至六十度之間(5W-30)，以及華氏零度至一百度以上(10W-30)。此處所提到的 SAE，指的是由汽車工程師學會(The Society of Automotive Engineers)所設定的機油標準。

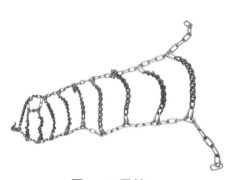

⊃ 圖 3.7　雪鍊

⊃ 圖 3.8　上鍊之輪胎

一、電瓶保養與檢查

1. 時常注意電瓶液的高度，保持在上下限之間(High-Low)，若電瓶液太多則容易溢出腐蝕車身，太少則無法完全發揮電量。如果你的電池是免維修、免加水(maintenance free)的電池，則不可擅自加水。

2. 電瓶樁頭若有白色腐蝕粉末，則以熱水清洗擦拭，再上一層黃油以減少腐蝕程度。

3. 確認電瓶是否牢靠。鉛酸電瓶會隨氣溫下降而電壓大幅下降。去高山看雪，經過一晚低溫的冷凍，舊電瓶第二天早上一定發不動，前一天晚上以棉被將電瓶包住，或第二天燒一壺熱水將電瓶加熱，不然有車願意跳電給你，不然及早更換電瓶。

4. 盡量不要用盡電量後再重新充電，否則會降低電瓶壽命。

5. 一般電瓶若沒有長途開車充電，壽命約為三年，如發現車子起動困難時，電壓低於 10V，應及早更換新電瓶。

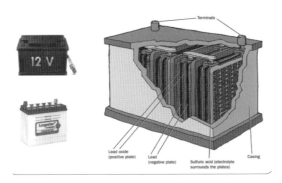

➔ 圖 3.9　鉛酸電池電壓及構造

二、車輛外觀的維護

1. 以大量清淨冷水或是添加溫和的清潔劑沖洗車子，但切勿在陽光下洗車。洗車與洗手不同，水滴像透鏡，會聚集光線灼傷烤漆。

2. 以軟布將清洗後之車身擦乾，勿使車身風乾並留下水痕。

3. 檢查車身是否有缺口割痕，因可能引起鏽蝕，故應以點漆方式處理。

4. 打蠟可使車身漆面免於陽光照射，空氣汙染之化學塵粒所造成的損壞。

5. 玻璃之清洗可以玻璃清潔劑與水混合使用，後擋風玻璃內有除霧線者，應順著除霧線左右來回擦拭。

6. 不要試著使用一般漆來修理受損的烤漆。因為一段時間後油漆氧化後，車外觀更糟。

三、輪胎保養

1. 將方向盤轉向任一側，檢查前輪胎溝是否磨至「安全磨損記號」，以此來檢查胎溝是否在可用限度內，再考慮換胎與否。

2. 檢查胎面磨損是否不均，若磨損不均，表示胎壓不正常或是輪胎定位不良，應立即至服務廠檢修調整。

3. 輪胎最脆弱的部位在側面，若發現輪胎側面有龜裂或損傷、應及早換新以策安全，切記。

4. 眼睛看著螺絲，一般規格下，順時鐘方向是扭緊，反方向是扭鬆。轉動螺絲最好選套筒鈑手，其次選梅花鈑手，其次選固定鈑手，最後選活動鈑手。選活動鈑手施力方向要正確，不然滑開來會造成螺絲永久的傷害及麻煩。價格昂貴的扭力鈑手可顯示扭力的大小，是職業級的鈑手。

5. 若輻射式輪胎規格如表 3.5 所示為 135/70 SR 12，則意義為

◆ 表 3.5　輻射式輪胎規格表示意義

	135	70	S	R	12
意義	輪胎寬度	高寬比	速度限制	輻射式輪胎	輪胎內徑
單位	mm	%			

　　S 為車速 180 Km/hr 以下使用，H 為車速 210 Km/hr 以下使用，V 為車速 210 Km/hr 以上使用。

四、更換爆破輪胎的流程

1. 先把車子停在安全的地方，開啟警示燈，在 20~50 公尺處置放三角反光錐。如在行駛高速公路時遇上爆胎，切記不要緊急煞車，要保持鎮定，雙手要緊握方向盤，盡量將車子慢慢駛到安全的路旁停下。

2. 在下車前要觀察四周的交通情況，確定安全後方可下車到後車廂取出手套、備用輪胎及其他有關工具，準備更換輪胎。

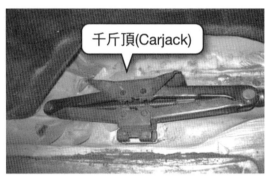

　◐ 圖 3.10　汽車行李箱下找到千斤頂

3. 把千斤頂放在底盤支架上，把車身慢慢升起至車胎只有少許貼著地面。再把備用車胎墊在車底，以防車子突然跌下。將輪蓋翹開，以對角形式把螺絲扭鬆。圖 3.10 至圖 3.14 為換輪胎的步驟。

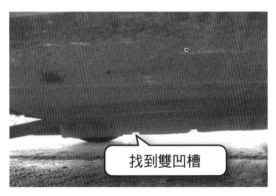

　◐ 圖 3.11　汽車輪子旁車身下找到雙凹槽

➲ 圖 3.12　向右旋轉千斤頂，頂高車身至輪懸空

4. 轉動千斤頂把車身升高約 10 公分左右，確保有足夠空間把充氣正常的後備輪胎放入。然後取出已爆破的輪胎，放在車底，把備用輪胎裝上。

5. 裝上輪胎後，確保螺絲位置正確，以對角形式扭緊螺絲。由於車輪仍是懸在半空，所以螺絲是不能上至最緊狀態的。

6. 隨後把車底下的輪胎拿走，然後把千斤頂慢慢放下。當輪胎著地後便可再一次用對角形式逐一把螺絲鎖緊。

➲ 圖 3.13　輪已懸空後置換成的備胎

7. 最後把千斤頂及爆破的輪胎放回後車廂，便完成了整個換胎程序。

8. 備胎一般比正常胎小，最好不要上高速公路高速行駛。應儘快駛到維修中心，更換爆破的輪胎。

⊃ 圖 3.14　舊輪已補好充氣完，備胎可以換回舊輪

五、安全帶及安全氣囊

1. 安全帶在發生撞擊或緊急狀況時，可保護您避免撞及車內物品甚至拋出車外。確實降低受傷害之程度。應定期檢查安全帶作用情形，檢查是否有割裂，損壞、扭曲，扣片是否平順，回收器是否正常；特別注意在使用時，腰部安全帶盡量貼緊腰骨避開胃部。

2. 安全氣囊置於方向盤中央防撞墊盤內，在預先設計的破裂點上充氣膨脹及突破而出，當它在方向盤上完全充飽氣時，它減緩了駕駛者向前撞擊的力道和保護身體的上半部。整個充氣過程，只需 30 微秒。

3. 配備安全氣囊的目的是為在車輛被正面（左右 30 度角）撞擊時，最少時速 20 公里的迎面撞擊，才會有作用。降低駕駛人或乘客的頭、胸部受到傷害的程度，但必須與安全帶一起使用才能發揮最大的作用。

4. 安全氣囊：安全氣囊能迅速充氣，主要依賴疊氮化鈉(sodium azide NaN$_3$) 的快速分解反應為

$$2NaN_3(S) \rightarrow 2Na(l) + 3N_2(g)$$

加入 Fe$_2$O$_3$ 的目的為破壞分解時生成的金屬鈉。

$$6Na(l) + Fe_2O_3(S) \rightarrow 3Na_2O(S) + 2Fe(S)$$

5. 車輛受到側邊撞擊，其原理是利用水銀開關來得知撞擊力量大小，再傳送到 SRS(Supplement restraint system)電腦再由 SRS 電腦引爆安全氣囊。一般測撞感知器裝置在座椅下的座椅橫樑上。

六、行車前檢查／保養項目

1. 在駕駛座內，檢查照後鏡，儀表板燈類，雨刷、喇叭....等，並檢查汽車油量，手剎車鬆緊度，盡可能利用一段路檢查剎車效果。

2. 在引擎室裡，檢查水箱、電瓶液、機油、煞車油是否都達到安全標準，並檢視皮帶是否完整無裂。圖 3.15 至圖 3.16 表示檢查的動作。

つ 圖 3.15　拔出機油尺檢查機油量在範圍內

3. 在車身方面，檢查大小燈，方向燈、煞車燈是否正常，輪胎壓胎是否正常，並檢視車內是否備有修車工具，警告標誌，打氣筒以及手電筒。

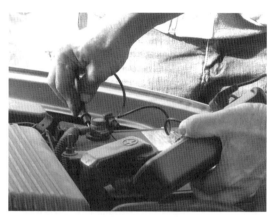

● 圖 3.16 **檢查電量，電壓要大於 10 伏特**

4. 汽車發動後電腦自動檢查及顯示警告標誌於面板，如表 3.6 所示。

◆ 表 3.6 **汽車發動後面板顯示及意義**

阻風門使用警告燈	充電指示燈	遠光燈指示燈	排氣溫度警告燈
汽油殘量警告燈	機油壓力警告燈	引擎故障警告燈	手煞車及煞車油量警告燈
轉向指示燈	安全帶未繫警告燈		

電瓶的主要功用有四項：

1. 在起動時，提供大量電流給起動馬達及點火系統。

2. 當發電機發電不足使用時，電瓶可供給各項電器之用電。

3. 當發電機發出的電已足夠各電器使用，尚有剩餘時，電瓶將儲存此剩餘電流，謂之充電。

4. 穩定電路系統的電壓，避免因引擎轉速改變或瞬間大量用電時，所造成的過度電壓改變，而損壞裝備上的零件。

電瓶充放電的化學反應為如表 3.7 所示：

放電時：$PbO_2 + Pb + H_2SO_4 \rightarrow 2PbSO_4 + 2H_2O$

充電時：$2PbSO_4 + 2H_2O \rightarrow PbO_2 + Pb + 2H_2SO_4$

◆ 表 3.7　電瓶充放電時正負極板，電解液的變化情形

	正極板	負極板	電解液	電解液比重
放電	$PbO_2 \rightarrow PbSO_4$	$Pb \rightarrow PbSO_4$	$H_2SO_4 \rightarrow H_2O$	水分增加，比重降低
充電	$PbSO_4 \rightarrow PbO_2$	$PbSO_4 \rightarrow Pb$	$H_2O \rightarrow H_2SO_4$	水分減少，比重升高

3.8 交通秩序與安全

　　瞭解交通號誌及行車路線，配合衛星導航 GPS 做一綜合判斷。世界各國的交通號誌相類似，但是英國及日本等島國的汽車駕駛盤在車的右邊，車靠路的左邊行駛。假如英國有陸橋與歐洲;日本有陸橋與亞洲相通，汽車直接開通的技術與標誌則需另外設計。不過現在一般交通號誌的設計為：

1. 輔助標誌：用以便利旅行及促進行車安全所設立之標誌或標牌。如圖 3.17(a)，圖 3.17(b)。

2. 禁制標誌：用以表示道路上之遵行、禁止、限制等特殊規定，告示車輛駕駛人及行人嚴格遵守。如圖 3.17(m)及圖 3.17(n)。

3. 警告標誌：用以促使車輛駕駛人及行人瞭解道路上之特殊狀況、提高
   警覺，並準備防範應變之措施。

4. 指示標誌：除前述三款標誌外，用以指示路線、方向、里程、地名及
   公共設施等，以利車輛駕駛人及行人易於識別。如圖 3.17(g)，圖 3.17(h)，
   圖 3.17(i)，圖 3.17(j)。

最低限速	最高速限	此路不通	禁止臨時停車	讓主幹道車
(a)	(b)	(c)	(d)	(e)

危險	省道路線編號	國道路線編號	縣道路線編號	快速道路
(f)	(g)	(h)	(i)	(j)

停車再開	路口停車再開	禁止任何車輛進入	
(k)	(l)	(m)	(n)

● 圖 3.17　交通標誌圖

標誌之顏色使用原則為：

1. 紅色：表示禁制或警告，用於禁制或一般警告標誌之邊線、斜線或底色及禁制性質告示牌之底色。

2. 黃色：表示警告，用於安全方向導引標誌及警告性質告示牌之底色。

3. 橙色：表示施工、養護或交通受阻之警告，用於施工標誌或其他輔助標誌之底色。

4. 藍色：表示遵行或公共服務設施之指示，用於省道路線編號標誌，遵行標誌或公共服務設施指示標誌之底色或邊線及服務設施指示性質告示牌之底色。

標誌之體形分為下列各種：

1. 正等邊三角形：用於一般警告標誌。如圖 3.17(f)。

2. 菱形：用於一般施工標誌。

3. 圓形：用於一般禁制標誌。如圖 3.17(d)。

4. 倒等邊三角形：用於禁制標誌之「讓路」標誌。如圖 3.17(e)。

5. 八角形：用於禁制標誌之「停車再開」標誌。如圖 3.17(k)及如圖 3.17(l)。

6. 交叉形：用於禁制標誌之「鐵路平交道」標誌。

7. 方形：用於輔助標誌之「安全方向導引」標誌、禁制標誌之「車道遵行方向」、「單行道」及「車道專行車輛」標誌、一般指示標誌及輔助標誌之告示牌。如圖 3.17(m)及如圖 3.17(n)。

8. 箭頭形：用於指示標誌之「方向里程」標誌。

9. 梅花形：用於指示標誌之「國道路線編號」標誌。如圖 3.17(h)。

10. 盾形：用於指示標誌之「省道路線編號」標誌。如圖 3.17(g)。

　　圖 3.17(d)禁制標誌中紅色叉叉是禁止臨時停車。地上劃黃色線也表示禁止暫停，地上劃紅色線也表示禁止停車。一般是在重要的交叉路口的地下畫上黃色叉叉是禁止臨時停車，避免在變換交通燈號時擋到側面 90°兩端的交通。圖 3.17(m)表示是單行道的出口，一般是狹窄的巷弄或為避免交通打結、加速通過的城市區域而設置。汽車不可進入，但是機車及單車可以從旁邊擠過去。但若是高速公路的出口也硬闖，一定會被重罰或招惹災禍。一般單行道的標誌下方有標明狀況，但是只是一條白色的橫線，常會被疏忽。圖 3.17(n)外國是直接寫上「DO NOT ENTER」較清楚。如圖 3.17(e)及如圖 3.17(f)也是易忽略或弄不懂，若是只有一個驚嘆號「！」表示一堆危險的狀況，會讓人反應過度或忽視。圖 3.17(k)及圖 3.17(l)是臺灣及美國、加拿大的八角形「停車再開」標誌，臺灣已經很少見到；但是美、加的鄉下卻非常重要，人們不但遵守「停車再開」，且非常有禮貌的循環漸次各自通過。其他用以指示國道、省道、縣道、快速道路、方向、里程、地名及公共設施等指示標誌則世界相似。

　　各國的交通規則有些許不同。在加拿大的多倫多紅燈變綠燈時，先讓左轉車先轉先行。道路的分隔沒有分隔島，只有在地上畫出一段島形的分隔。當左轉彎停在此區域待轉時，不會擋住後面車的前進。香港道路也沒有分隔島，而是百年來電車的行駛軌道。很窄小、便宜方便又省能源的電車是香港城市化的代表。臺南市到現在有些路口還未設左轉燈，而是設計成不對稱的紅燈。當一個方向的紅燈亮起，對方向的汽車要趕快左轉；不然 90°方向的綠燈亮，此方向的汽車隨即會到來，要等到直行下一次綠燈亮才可能行。判斷不及耽誤自己事小，製造混亂，創造糾紛會更浪費時間金錢。如此像臺南市的燈號標誌，行人過馬路更要注意，當一個方向的紅燈亮起，對方向還是綠燈，常有行人機車騎士沒注意到，以為雙方向的紅燈都亮，跨越而遭撞擊死亡。法國巴黎較大有分隔島的路中會另有一個號誌燈，等你走到路中間，再看另一號誌燈的燈號通過。

　　美國、加拿大先進守法的國家，新手拿到駕照，必須繳一年四、五千美元的保險費。開汽車四年以上沒肇事，才可能降至一、二千美元。若是超速、看見學校學童上下課回家期間，沒減速至每小時 25 公里以下；看見學校校車停下，而不等它開動就從旁邊穿過，只要被罰、被拍到及被人檢舉，下一年度的汽車保險費一定調升。看看美加人士，文質彬彬，開車禮貌良好，常常看到汽車等行人及單車通過的畫面非常感人。或許可以解釋成一年十幾萬元臺幣的汽車保險費，不是人人可以輕鬆支付，只要出事去法院被罰錢還要聽訓聽判。相較於一年一千多元臺幣的汽車保險費，臺灣真是處處危機，分分秒秒都有交通事故。如何減少交通意外，真須要事先演練，以謙虛的心上路。加裝行車記錄器只能亡羊補牢，但也是一種謙虛心的表示。其他如接電話、看 i-pad、全靠 GPS 行駛、飲酒吸毒，都是不謙虛、不顧後果、不要命的駕駛態度。在臺灣的路上行車非常費神，但是不自由勿寧死，年輕人在踏上機車的第一時間，無不自信滿滿，徹底解放。騎車要戴安全帽、不雙載、不聊天，不要遲到趕路，事先研究地圖或 google map。不要騎在路中或太靠路邊，或太貼近汽車，選擇替代小路。沒方向燈或大燈的車不騎。總之，車禍的撞擊千百倍於自己運動時扭傷、跌傷及碰傷。車禍脊柱受傷要在 10 年後骨刺長出，坐立不安才知痛苦。當場皮開肉綻，事後又煩惱後遺症。不如提早學習在路上如何趨吉避凶的知識與技巧。

3.9 高速公路及大眾運輸使用無線電射頻識別的應用

　　RFID 意思是「無線電射頻識別技術(Radio Frequency Identification，RFID)」。它通常用於商店防盜、員工缺勤檢查、產品防偽、門禁系統等。在運輸技術中，常見的應用包括悠遊卡、一卡通、高速公路 ETC(Electronic Toll Collector)和 eTag 系統、物流管理、機場行李處理、個人健康管理等。用戶不需要實際接觸摸識別設備，就可允許設備讀取晶片中的資料。

　　2006 年臺灣的高速公路收費系統(Electronic Toll Collection, ETC)，收費站要挪出一兩個車道使用紅外傳輸感應，汽車要裝 E 通機(On-Board Unit, OBU)及 E 通卡（扣款）。但是自推出以來，E 通機(E pass)的安裝率尚未達到最初的設置率。E 通機的紅外傳輸精度低，並且其中包含的電池，容易因曝曬高熱而出現問題，價格貴，體積又太大。這些缺點降低了公眾安裝電子通行證的意願。eTag 與 E 通機(E pass)有所不同，它使用 RFID 無線電射頻識別技術，其準確性優於 E pass 機器。eTag 不包含電池，價格便宜且結構緊湊小巧，並且通過車道的車無需降速。由於上述優點，到 2012 年 2 月以來，交通部已在所有高速公路收費站安裝了 eTag 系統，將根據進出高速公路的總里程來計費。

3.10 鐵路及大眾運輸的安全與事件

　　臺鐵系統 2018 年普悠瑪事件及 2021 年 4 月 3 日太魯閣號皆因人為疏忽造成重大傷亡！

　　普悠瑪事件是運轉保險裝置故障，在鐵路系統中屬於不可忍受之風險。而資訊時代訓練出來的駕駛員，極端仰賴自動安全設備，因此在人機

界面無法有效溝通、列車自動保護系統也無法使用的狀況下，是造成普悠瑪事故，全車共有 366 人，18 人死亡，215 人輕重傷。

　　太魯閣號發生的事故造成 49 死，百餘人輕重傷，由列車鏡頭影像顯示，事故是工程車先掉落在鐵軌上，遭疾駛而至的列車撞擊。

　　日本的新幹線歷史悠久。自 1964 年開放以來，直到 41 年後的 2005 年，第一次事故是人為疏忽造成的。不僅在 40 年內沒有發生事故，而且沒有因地震而出軌（僅由於自然災害導致了停車），每年每次出發的平均延誤時間不到 24 秒，真是了不起的記錄！

　　臺灣高速鐵路系統使用日本新幹線的技術，又有自己的獨立高架車道，除地震外，不易有問題。但是臺鐵系統沿山而建，順向坡或逆向坡都有滑坡的危險。一般順向坡滑動的上邊坡會有裂縫發生，一定要將雨水截住、疏導，避免入滲至裂縫內。「逆向坡」又稱「倒插坡」。高角度的倒插坡易落石崩落，防治的方法是噴漿、岩釘固定、掛網植生等方法。危險地段一定要有邊坡掉落物、落石及坍方預警系統，不然事故災難還是會重演。

試 題 ·············· Exercise ≫≫≫≫≫

1. ( ) 上單車應　(1)先變速至輕的齒輪　(2)先跨越橫桿　(3)看左後方來車　(4)踩下踏板時順勢上座　(5)以上皆是。

2. ( ) 戴單車安全帽　(1)很熱　(2)很怪　(3)要扣緊。

3. ( ) 下列何者有誤？單車停止前應　(1)先變速至輕的齒輪　(2)無所謂　(3)注意後方來車　(4)小心煞車至停再向前跨出腳停下。

4. ( ) 單車停止等紅燈時　(1)停在機車旁　(2)停在汽車旁　(3)移到人行道前。

5. ( ) 遇到障礙物無法繞過時　(1)垂直壓過　(2)斜斜壓過　(3)隨意壓過　(4)找好過的部分壓過。

6. ( ) 單車行駛產業石子路時，輪胎　(1)氣要很飽　(2)要減少些　(3)輪胎面要光滑　(4)輪胎面要粗糙有顆粒。

7. ( ) 單車行駛公路時，輪胎　(1)氣要很飽　(2)要減少些　(3)輪胎面要光滑　(4)輪胎面要粗糙有顆粒。

8. ( ) 煞車要先　(1)煞後輪　(2)煞前輪。

9. ( ) 上坡時變速盤應為　(1)前大後小　(2)前小後大。

10. ( ) 下坡時變速盤應為　(1)前大後小　(2)前小後大。

11. ( ) 下列何者有誤？　(1)下坡時很快樂　(2)下坡時很危險　(3)下坡時愛表現　(4)下坡時要小心可能會踩空。

12. ( ) 上坡三分苦，下坡七分險；馬路如虎口，為何要騎單車？　(1)環保　(2)早上五點至七點半沒有汽車，騎單車可維持健康習慣　(3)郊外山地較沒有汽車　(4)凡行人可走過的地方單車也可通過，比機車更可易穿過障礙　(5)以上皆是。

13. (　) 在歐美洲國外，單車要行駛行人道或人多聚集處時　(1)要快速閃過　(2)要下車牽車通過　(3)散漫通過。

14. (　) 上坡時變速操控應為　(1)左手食指後鉤　(2)右手姆指前推　(3)以上皆是。

15. (　) 下坡時變速盤應為　(1)左手姆指前推　(2)右手食指後鉤　(3)以上皆是。

16. (　) 騎乘單車應　(1)避免穿寬鬆的褲子　(2)避免穿高跟鞋　(3)避免鞋帶太長　(4)右腳鞋帶應繫緊於右方，避免鞋帶捲入齒盤中　(5)以上皆是。

17. (　) 為何單車環島變得熱門？　(1)7-11隨時可補給水及熱量　(2)輕的單車可日行百公里　(3)手機可方便聯絡　(4)道路系統趨於完善　(5)環島團隊變多　(6)以上皆是。

18. (　) 單車環島或長程騎乘應有　(1)前車燈、後車燈、反光鏡及反光條　(2)手套　(3)手機　(4)水壺　(5)保險　(6)同伴　(7)以上皆是。

19. (　) 安全氣囊是由下列那兩種化合物反應而生成　(1) $NaNO_3$ 與碳粉　(2)Fe_2O_3 與 NaN_3　(3)高壓氮與高壓氧　(4)高壓空氣。

20. (　) 目前臺灣便宜單車衣物材料以　(1)聚酯　(2)羊毛　(3)棉布　(4)聚酯與棉紗混紡　(5)Gore Tex 為主。

21. (　) 汽車行駛後發現氣壓剛好符合標準胎壓，表示行駛前　(1)胎壓過高　(2)胎壓過低　(3)胎壓正確　(4)以上皆非。

22.（　　）汽車行駛後發輪胎胎面中央部分磨損嚴重，表示所灌的　(1)胎壓過高　(2)胎壓過低　(3)胎壓正確　(4)輪胎本身的問 不得胎壓。

23.（　　）汽車破胎後要補胎，應該要有　(1)膠水　(2)補胎片　(3)砂紙　(4)汽車輪胎沒有內胎，必須以他種方法補。

24.（　　）下列何者正確？　(1)動力方向盤(Power Steering)油壓系統故障，方向盤便無法操作　(2)電腦控制防滑煞車系統（A.B.S.系統）電腦損壞，整個車系統便告失敗　(3)換備胎一定要用千斤頂　(4)高級汽油比 92 無鉛汽油好，可代替無鉛汽油。

25.（　　）電瓶水經常不足，其原因可能為　(1)電瓶損壞　(2)充電不足　(3)充電過度　(4)發電機損壞。

26.（　　）電瓶容量表示方法是　(1) A　(2) KA　(3) AH(Ah)　(4) KV。

27.（　　）12V 電瓶是由　(1) 2　(2) 4　(3) 5　(4) 6　個分電池串聯而成。

請掃描 QR Code，下載習題解答

MEMO

CHAPTER 04

材料設計與製造科技

LIVING
TECHNOLOGY

4.1 材料設計製造發展史

　　除了衣服、食物及傳宗接代的活動外，屬於無機物的生活必需品一直統領尖端人類的生活。而這些無機物的生活必需品如玻璃、陶磁、鋼鐵、合金、半導體等等，都是化學及材料工業的一部分。縱觀人類文明的演進史，可說是材料科技的發展史，從石器時代到今日的自動化、網路社會時代，人類講究的是方便、低成本輕薄短小的工具。經各次材料革命，竟發明了有機及無機混合材料、及各式極限材料，如碳纖維材料、奈米材料、光觸媒材料等。表 4.1 簡示了各類材料在人類文明所扮演的象徵角色。從簡單的石器、使用黏土燒結後的陶瓷時代，到青銅及鐵器石代，人們知道如何利用材料來過舒適生活。鐵器可以說是材料科技的持續推進動力，因為人們開始瞭解混合不同的金屬元素來製造合金或鋼。自鐵器時代進入科技時代，特別是在英國為首的產業革命之後，鋼鐵的大量使用及生產，可當成第一次材料革命。二十世紀初，鋼鐵工業碰到鋁合金工業的挑戰，因為鋁的質地輕，抗腐蝕性佳，電解鋁礦可便宜的鋁。在第二次世界大戰以後，人造塑膠、橡膠等高分子材料，如矽氧橡膠、聚酯纖維、鐵弗龍的發展，更經濟地取代了傳統的天然橡膠、絲綢等材料，也在我們日常生活中，造成相當大的改變，這是第二次材料革命。在二十一世紀中葉，美國貝爾實驗室及德州儀器公司發明了電晶體及積體電路，以及能純化元素至99.9999%的區段熔煉(Zone refining)及超高解析度的電子顯微鏡及分析的技術，使我們正式進入電子時代，這是第三次材料革命的開始。這些以半導體（如矽晶）為主的電子工業，製造了功能複雜的電子產品，如電腦、雷射、DVD、行動電話和通訊元件，使人們進入了嶄新的資訊時代。2011年蘋果公司更推出了輕、薄、短、小的平板電腦及智慧型手機，引領風潮，歷經真空管時代、電晶體時代經積體電路到觸控手機時代，電子效能增加百倍，體積卻減少百倍。

　　過去和現在人們選擇、評估和使用人工及天然材料，改變材料使用的文化。舉例來說：古埃及和羅馬的玻璃；中美洲(Mesoamerica)強烈的金屬

音響和色彩；印加(Inca)帝國的布和纖維技術。發展過程中也可探索材料對思想和審美標準的影響力。

在本世紀工業材料科技目不暇接的演進及突破，可以說未來人類的文明發展的主導。隨著不斷的研究發展，鋼鐵工業已變成低科技，對經濟的主導性將轉移到高分子、複合材料、陶瓷及半導體。例如在飛機部分主體結構所使用高效能的碳纖維強化的複合材料，高溫引擎使用的陶瓷外殼。當然粉末冶金、超合金，仍使得金屬扮演它的重要特性。而導電性高分子、導電性陶瓷、導電性玻璃、液晶及生醫材料等非傳統的高分子材料，也將使得傳統的塑膠、陶瓷及玻璃展現其新的面貌。

◆ 表 4.1　材料世界的發展史(The Material Word)

	開始使用	年使用量 百萬噸	所需資源	產品	應用的性質
木	30,000B.C.	10,000	可再生	建築物	機械
石器、陶瓷	<10,000B.C.	10,000	普遍可取得	瓷、玻璃、耐火材、切削刀具	機械、光、電
金屬	5,000B.C.	1000	可開採的礦產地理分布不均	多樣產品鐵、銅、鋁	機械、電
高分子	1900	100	石油	容器、纖維	機械、電
半導體	1940	0.001	沒資源問題	微電子元件	電
複合材料	1950	10	不重要	家具、飛機、運動器材	機械、電
奈米材料	1984	10	沒資源問題	性能要提升，以符合未來需求	機械、光、電、磁

資料來源：　本文整理&Rustum Roy (1997). New Materials：Fountainhead for New Technology and New Science.

4.2 材料的種類及特性

由於材料的種類繁多，要仔細的依功能分類似乎不太可能，因此，我們僅能就其共有的特性，大略加以區分成五大類，包括：金屬、高分子、陶瓷、複合材料及高科技傳播類。

➤ 4.2.1 金屬材料

常見的金屬製品很多，各種鍋、水龍頭、鎖、小刀、腳踏車、縫衣機、門等。較大的物體有汽車、輪船、鐵塔、軌道等，都是金屬材料製成。金屬具有高導電、熱導度，應力強、韌性高，且有相當長好的延展性，非常容易加工。由於其鍵結主要以金屬鍵為主，而金屬中之自由電子提供了金屬較佳之導電及導熱能力。鋼鐵金屬的降伏值高，韌性強，超過受力的最大值，會慢慢伸長，避免突破斷裂，所以也是建築業的必需品。不同的金屬混合可形成合金，在工程應用上，合金往往較純金屬具有較佳的性能。例如鋼是鐵加碳及其他元素所製造而成的合金，它具有較鐵更高的硬度及強度。由於對金屬及合金的微結構的研究，鋼鐵已變成一個可預估及可靠的材料。甚至為了怕塑膠瓶、塑膠杯的塑化劑的汙染，鋼杯又變得熱門與普遍。

金屬合金主要司區分為鐵系合金及非鐵系合金兩大類。鐵系合金主要以鐵為主（占 50%以上），碳鋼、鑄鐵(Cast Iron)、不鏽鋼都是常見的鐵系合金。分述如下：

1. **鑄鐵**：含碳量在 2wt%以上。鑄鐵具有較低的熔點及較好的流動性，非常適合造不同複雜形狀的零件。翻砂製成的鑄鐵不耐焊接、不耐衝擊及跌落且會生鏽爛掉。但汽車或飛機的引擎外殼有油保護，大多以鑄鐵造而成。

2. **碳鋼及低合金鋼**：含碳量在0.05~2.0wt%之間及含其他金屬5wt%以下。由於造價便宜，此類合金具有相當好的延展性及強度，因此，在鐵系合金中所占比例最高。從軸承到汽車的本體，大多利用這一類的材料。

3. **高合金鋼**：含5wt%以上之其他金屬。一般而言，此類合金鋼除了具相當高的強度外，也具相當好的抗蝕能力。另外，在工具應用上所需求之高硬度，或是渦輪機的葉片所需之高溫強度，也常用此類合金。最常見的高合金鋼是不鏽鋼。不鏽鋼主要含5~30 wt%鉻及鎳元素。加入適量鉻，其表面亮相的鉻氧化物層可防進一步氧化。加入適量的矽元素可防酸蝕。另外，加鎢、鉻等元素的工具鋼可耐高溫（即使高於1000°C）及做成切削工具。整理成表4.2表示高合金鋼的性質與用途。

◆ 表 4.2　高合金鋼

名稱	組成 wt%	性質	用途
鉻鋼	5%鉻	高硬度、韌性大	滾筒、軸承
錳鋼	10~18%錳	極硬、抗磨擦	碎石機
鎢鋼	8~24%鎢	磨擦至紅熱性質不變	高速切削工具
高速鋼	18%鎢、7%碳、4%鉻、0.3%錳	高溫保持堅硬	高速切削工具、車床
矽鋼	12~15 wt%矽	耐酸	化學溶液導管
鎳鋼	3.5~5 %鎳	堅硬且有彈性、抗腐蝕	槍炮、海底電纜
鉻釩鋼	2~10%鉻、0.2%釩	抗拉強度大	彈簧、工具
不鏽鋼	18%鉻、8%鎳	耐腐蝕、不生鏽	烹飪、汽車材料

4. **非鐵系合金**：最常見的是鈦系、鋁系及鎂系的合金。由於鋁、鎂之比重皆遠低於鐵，因此，這類的合金被稱為「輕合金」，在筆記型電腦、手機外殼、航太工業中應用非常多。依用途不同。在網球拍、單車車架、汽車工業中，使用鋁合金的比例相當高，在 1976~1986 年間，美國的汽車重量大約減少 16%，主要乃因為使用鋁合金的量增加了 25%，及使用高分子的量增加七倍之故。整理成表 4.3 表示非鐵系合金的性質與用途。

◆ 表 4.3　非鐵系合金

名稱	組成 wt%	性質	用途
堅鋁 dural	95.5%鋁、1%錳、0.5%鎂、3%銅	質輕堅硬	飛機材料
鎂鋁 magnallium	70~95%鋁、5~30%鎂	質輕不生鏽	家庭用具
鎳銅合金	25%鎳、75%銅	銀色不生鏽	貨幣
鎳鉻合金	80~85%鎳、15~20%鉻	電阻大熔點高	電熱線
青銅 Bronze	4~12%錫、88~96%銅	耐腐蝕、硬度大	雕像、貨幣
黃銅 Brass	18~40%鋅、60~82%銅	耐腐蝕硬度低易加工	器具、砲彈殼
18K 金	75%金、25%銅	金黃色光輝、硬度大	裝飾品
康銅 Constantan	40%鎳、60%銅	電阻係數大	電阻線熱偶
錫焊 Solder	50%鉛、50%錫	熔點低	焊接金屬
伍德易熔合金 Wood's Metal	25%鉛、12.5%鎘、50%鉍	熔點低	保險絲
活字金 Type Metal	75%鉛、20%銻	凝固時體積微脹	印刷金體

▶▶ 4.2.2 陶瓷材料

1. **建築陶瓷：**西元前 4000 年已開始使用陶器。除了裝水的陶器、陶瓶外，黏土(clay)燒成的磚、瓦、水管等，及水泥製品都算是土器或陶瓷。一般而言，這一類用在建材上的陶瓷，通稱「建築陶瓷或生活陶瓷」。陶瓷材料主要是由金屬的氧化物、碳化物或氧化物所構成。陶瓷具有與金屬完全不同的鍵結特性，其物性與金屬差異非常大。例如鋁是金屬，而氧化鋁是非常穩定的陶瓷。氧化鋁的鍵結主要是離子鍵，較之金屬鋁之金屬鍵強上許多，也因此，其熔點(2200°C)也較之鋁金屬(660°C)高上很多。但因為離子鍵結，使得陶瓷導熱熱能力差，因而成為良好的絕緣體，不過，也因為鍵結的特性，其硬度雖高，但延展性卻相當差且易脆。同時由於其熱導差，大的溫度梯度所造成的熱應力，也常常是陶瓷材料的致命傷。因此，如果想用陶瓷材料來製作汽車引擎，必須增加其抗熱衝擊的能力，當然，這必須克服不少困難。隨著科技的發展，現在的陶瓷已有長足的進步。

2. **精密陶瓷：**陶瓷應用於精密儀器中之光電或磁性之零組件也十分普遍，這一類較高品質的光電用陶瓷，稱為「精密陶瓷」。

3. **非氧化物陶瓷：**在非氧化物陶瓷中，例如氮化物(Si_3N_4)或碳化矽(SiC)陶瓷具有相當強叫抗熱衝擊性，可應用在引擎、高性能渦輪之零組件上，可提高燃料的功效並不必使用冷卻裝置等的優點。氮化矽(Si_3N_4)或碳化矽(SiC)的硬度超強，可形成薄膜以增加金屬物體的使用年限；碳化矽是砂輪機中的研磨材料，磨金屬工具刀劍都需它。

4. **壓電陶瓷：**陶瓷在電的應用上，最有趣的大概是壓電效應(piezoelectric effect)。石英(SiO_2)及鈦酸鋇($BaTiO_3$)等陶瓷都具有這方面的特性。瓦斯爐的點火器及舊式的唱盤的唱針就是利用受壓變形會產生電壓的特性來產生電，再將電壓轉換成火星及聲音。瓦斯爐或燒熱水的瓦斯熱水器只要旋鈕就可點火。這是因為點火裝置使用受打擊能產生高壓電之故。

❱❱ 4.2.3　玻璃材料

　　一般而言，陶瓷材料都具有一定的結晶結構，但如果在加工過程中，冷卻速度太快，其分子無法及排列，而形成非定形的結構，這種非定形的陶瓷，我們通稱它們為玻璃(glass)。以氧化矽(SiO_2)為主的玻璃，在我們日常生活中最為普遍。而氧化矽在鏈結中以$(SiO_2)_4$四面體結構存在，而構成玻璃的網狀主體，而這個結構是玻璃強化的主要機制。如果加入鹼金或鹼土族或其他成分，例如鈉及鈣，四面體的網狀結構會被破壞，可使其軟化，容易加工。

1. **石英玻璃**：純氧化矽玻璃熔點為 $1723°C$，一般可承受到 $1000\ °C$ 之工作溫度，普遍應用在耐高溫之坩鍋或高溫爐等設備。

2. **硼玻璃**：加入氧化硼及氧化鈉之硼玻璃，可耐化學藥品、不易碎，普遍應用在實驗室中的燒杯及試管等器皿。

3. **鈉玻璃**：一般含有氧化鈉及氧化鈣的鈉玻璃，成形容易，為最常見的玻璃窗使用的玻璃。

4. **鉛玻璃**：加入氧化鉛及碳酸鉀之鉛玻璃，由於折射率大，應用在透鏡、稜鏡等光學儀器進鏡頭。

5. **鉀玻璃**：加入氧化鉀及氧化鈉之鉀玻璃，由於熔點高，普遍應用在理化及裝飾玻璃上。

6. **水玻璃**：將石英粉末與碳酸鈉混合均勻加熱熔化後，加水並繼續加熱數小時，可得黏稠的液體稱為水玻璃，水玻璃可當塗料在木材及器具上，增加耐火性。加鹽酸於水玻璃可得膠狀白色沉澱，乾燥後可得矽膠(Silica Gel)。水玻璃生成反應為

$$SiO_2 + Na_2CO_3 \rightarrow Na_2SiO_3（水玻璃）+ CO_2$$

　　利用加工之技巧，我們也可製造出其他的玻璃材料：

1. **強化玻璃**：加熱玻璃平板到軟化點附近，向玻璃急吹空氣均勻使其急冷，如此會在玻璃表面形成均一的壓縮應力，提升玻璃的強度成強化玻璃。強化玻璃一般當作汽車的後窗，破裂時形成圓形小粒，不會傷人。

2. **安全玻璃**：將兩片玻璃以合成樹脂結合，稱安全玻璃。一般當作汽車的前窗，破裂時防止圓形小粒飛散而傷害人。

3. **玻璃陶瓷**：玻璃陶瓷(Glass Ceramics)的結構介於陶瓷及玻璃之間。這一類的材料，一般具有十分優越的耐熱衝擊能力，抗碎程度遠大於一般之陶瓷及玻璃。適當地混合不同成分的組成，某些玻璃陶瓷具有零或負的熱膨脹係數。廚房中，高級的康寧鍋即是一明顯的應用例子，將康寧鍋加熱至紅熱，加水後竟然不受影響。這也打破了人們對陶瓷或玻璃受熱易脆之刻板印象。

4. **斷熱玻璃**：將兩片玻璃結合，中間留斷熱的空氣或真空層，一片玻璃內側塗上金屬薄膜，可穿透陽光，反射熱線，在寒帶可保持室內溫暖。

5. **玻璃纖維**：熔化的液態玻璃向兩方急拉時變成細長的纖維狀玻璃稱為玻璃纖維(Glass Fiber)。短纖維稱玻璃棉；長纖維稱玻璃纖維，可做成隔熱、隔音及絕緣的建築材料，或纖維強化材料，如洗澡盆或船身。

6. **光學纖維**：在發射端首先把要傳輸的信息（如話音）變成電信號，然後通過半導體雷射或雷射器發射到雷射束上，光的強度會隨電信號的頻率一起變化，並通過光纖發射出去，用光的全反射傳輸信息，在接收端，檢測器受到光信號後把它變成電信號，經過處理後恢復原信息。到 1960 年代，雷射(laser)的發明才解決光通訊的第一項難題。1970 年代康寧公司(Corning Glass Works)發展出高品質低衰減的光纖則是解決了第二項問題，此時訊號在光纖中傳遞的衰減量第一次低於光纖通訊每公里衰減 20 分貝(20 dB/km)的關卡。光纖通訊怕色散及衰減，現在使用波長 1300 奈米的磷砷化鎵銦(InGaAsP)雷射、這種光纖在傳遞 1550

奈米的光波時，色散幾乎為零，因其可將雷射光的光譜限制在單一縱模中繼器的間隔可達到 160 公里遠，光纖纜線包含一個纖芯(core)，纖殼(cladding)以及外層的保護被覆(protective coating)。核心與折射率(refractive index)較高的纖殼通常用高品質的矽石玻璃(silica glass)製成，但是現在也有使用塑膠作為材質的光纖。又因為光纖的外層有經過紫外線固化後的壓克力(acrylate)被覆，可以如銅纜一樣埋藏於地下，不需要太多維護費用。

》 4.2.4　高分子材料

　　高分子工業包含天然及合成高分子，即塑膠、纖維、橡膠、紙、紙漿、皮革、接著劑等之產品，這些都與石油化學工業息息相關，成為今日最大化學工業之一。地球上，隨著生物進化而產了纖維素、澱粉、蛋白質等天然高分子，將這類天然高分子加工，也就是利用化學方法產生了天然高分子工業。1930 年以前，所謂高分子成形品也不過是指賽璐珞(Celluloid)、橡膠等產品。1930 年左右開始兩、三種之橡膠的合成。第二次世界大戰期間，聚乙烯、尼龍 66 才達成工業量產規模。第二次世界大戰後，以美國為中心發展出乙炔化學工業，使得生產塑膠、橡膠、纖維的原料得以量產化，才使合成高分子工業有急速的進展。表 4.4 為普通高分子材料的簡單分類。1950 年代西德 Ziegler 與義大利 Natta 兩博士，開發出立體特異性聚合觸媒，使得非極性之聚丙烯得以聚合，也成功的聚合出高密度聚乙烯。1970 年代以後，將高分子導入官能基，形成機能性高分子，應用在高附加價值之產品，例如離子交換樹脂、感光性高分子、特定金屬吸附性高分子等。目前，隨著高分子工業的進步，公害、廢棄物處理都是必須面對的問題。努力於可分解的高分子之合成與高分子廢棄物的再利用為當前必須解決的問題。使用玉米澱粉垃圾袋（生物可分解塑膠袋）取代傳統垃圾袋。另一可分解的高分子是聚乳酸(Poly Lactic Acid，PLA)。PLA 是由澱粉經過發酵、去水及聚合等過程製造而成。是由百分之百可再生資源如玉米、甜菜或者米製成。

　　PLA 生命週期是從玉米開始，收割後的玉米被送到玉米廠中將澱粉從玉米心（蛋白質、脂肪、纖維、灰份和水）分離經酵素水解變成葡萄糖。葡萄糖在中性的環境下將發酵成乳酸。乳酸在溫和條件及無溶劑下移除水分以生產出低分子量之預聚合物。再形成減水乳酸。控制減水乳酸的純度可生產出範圍較廣的分子量。減水乳酸再以蒸餾純化方式純化至聚合物等級。純化後的減水乳酸進行無溶劑之開環聚合後再進而加工製粒便成為聚乳酸原料粒。PLA 的原料不同於一般石化產品，故降低原油煉油等製程中所排放的氮氧化物及硫氧化物之排放。

　　PLA 是一種新的多用途可堆肥的高分子聚合物，可在堆肥條件下自然分解成為二氧化碳及水。應用範圍有：窗簾、冷飲杯盤，糖果包膜、花束包材、瓶子、衣物纖維、農業生態覆膜，家庭裝飾用布如沙發、寢具，填充物如枕頭、棉被、發泡物、高淨度溶劑。PLA 早期是開發在醫學上使用，手術縫合線及骨釘等。

◆ 表 4.4　高分子材料簡單分類

高分子	熱固性塑膠	
	熱塑性塑膠	結晶型
		非結晶型
	橡膠彈性體	
	纖維	結晶型

　　纖維高分子方向性結晶度高，所以有最好的方向性機械性質，而塑膠之結晶度較纖維低，故機能性質就較差一點。而橡膠之分子鏈最容易轉動，分子與分子之間的吸力弱，造成機械性質為三者之中最差，但是彈性最佳，可拉伸原長度之 10 倍以上。接著討論與我們息息相關之塑膠、纖維、橡膠材料。

　　塑膠是有機高分子化合物之中的天然樹脂與合成樹脂。天然樹脂之中只有寄生在植物之蟲所分泌之樹脂狀物質蟲膠，可使用在電氣絕緣材料上。一般來說，塑膠就是指合成樹脂，也就是由石油或煤所提供起始原料而合成得來之聚烯系列或聚酯系列高分子。這類合成樹脂或塑膠加熱時軟化，富有塑性可任意成形，故稱為塑膠。但是冷卻以後若再次加熱，可分為可軟化之熱塑性塑膠(Thermoplastic)以及不可軟化之熱固性樹脂(Thermosetting)等兩大類，典型之例如下：

　　熱塑性塑膠：聚乙烯、聚氯乙烯、聚丙烯、聚苯乙烯等。如表 4.5 所示。

　　熱固性樹脂：酚甲醛樹脂、尿素甲醛樹脂、美耐皿樹脂、環氧樹脂等。如表 4.6 所示。

◆ 表 4.5　常見熱塑性塑膠

名稱	原料	性質	用途
聚乙烯(PE)	乙烯 $CH_2=CH_2$	輕，易熔融，耐水	塑膠袋，軟片
聚丙烯(PP)	丙烯 $CH_2=CHCH_3$	耐熱，強度好	豆漿瓶，微波容器
聚苯乙烯(PS)	苯乙烯 $CH_2=CHC_6H_5$	透明，耐水，耐酸鹼	透明盒，發泡體可製成速食麵碗、魚箱
聚氯乙烯(PVC)	氯乙烯 $CH_2=CHCl$	耐酸鹼	水管，電管，地板
聚丙烯腈(PAN)	丙烯腈 $CH_2=CHCN$	耐油性能佳	外套、地毯、丁腈橡膠、ABS 共聚合塑膠
聚氟碳樹脂(Teflon)	四氟乙烯 $CF_2=CF_2$	耐酸鹼，摩擦力小	不沾鍋塗料
壓克力(PMMA)Acrylic	甲基丙烯酸甲酯 $CH_2=C(COOCH_3)CH_3$	透明，耐水，強度好，耐撞	招牌，防風罩，光纖

◆ 表 4.6　常見熱固性塑膠

名稱	原料	性質	用途
酚甲醛樹脂	酚 C_6H_5OH 甲醛 HCHO	耐熱、耐酸鹼、電氣絕緣	電氣插頭，食品容器
尿素甲醛樹脂	尿素 $(NH_2)_2CO$ 甲醛 HCHO	耐熱、耐酸鹼、電氣絕緣	電氣插頭，食品容器
三聚氰胺樹脂	三聚氰胺 $C_3H_3(NH_2)_3$ 甲醛 HCHO	耐熱、耐久	食品容器
聚胺基甲酸酯	二異氰酸酯 $C_6H_4(NCO)_2$ 乙二醇 CH_2OHCH_2OH	耐久、強度好	防水塗層，發泡體可製成鞋底、滑板的輪胎
聚矽氧樹脂	二氯二甲基矽烷 $(CH_3)_2SiCl_2$	耐水、耐熱、電氣絕緣	防水塗層，整形醫療用
聚環氧樹脂	環氧氯丙烷 2，2-二對酚丙烷或稱雙酚-A $(HO(C_6H_5))_2C(CH_3)_2$	耐水、耐熱、電氣絕緣	電路板

◆ 表 4.7　常見工程塑膠

名稱	性質	用途
聚縮醛(Polyacetal,POM)	耐熱、耐摩損、耐疲勞	塑鋼、錄影帶、影印機
ABS（丙烯晴、丁二烯、苯乙烯共聚合體）	耐衝擊、強度好	冰箱、洗衣機、汽車保險桿
聚碳酸酯(Polycarbonate，PC)	透明、強度好	安全鏡片
聚二氧苯(Polyphenyl Oxide，PPO)	耐衝擊	
聚醯胺(Polyamide)	耐衝擊、強度好	防彈衣、汽車保險桿
聚對苯二甲酸乙酯 (Polyethylene Terephthalate，PET)	透明、耐衝擊	防風罩

　　賽璐路是最早合成之樹脂，於 1868 年美國一位印刷工人 J. Wesley Hyatte 由含 10~12%氮之硝化纖維與樟腦(2：1)溶解於酒精後經攪拌，壓後製成板狀物。賽璐路富有彈性且價廉物美但是易燃，可製成眼鏡框與撞球，以取代當時昂貴的象牙球。塑膠可用在其他更多的日用品、電氣及機器零件、建築材料、醫用材料上等。現在工業用之合成樹脂，其合成方法有：

1. **連續聚合**：這類塑膠是由含雙鍵之單體，添加適當之起始劑即可合成得到。五大常用塑膠，高密度聚乙烯(HDPE)、低密度聚乙烯(LDPE)、聚丙烯(PP)、聚氯乙烯(PVC)、聚苯乙烯(PS)皆由此法得之。

2. **共聚合**：常用塑膠都由兩種以上單體合成而來，例如聚苯乙烯之耐有機溶劑性差，耐衝擊性差。所以如表 4.7 所示為 ABS 物性，由添加另一材質或甚至於添加兩種材質來改善聚苯乙烯所無法滿足之物性。臺灣 ABS 產量一度是世界第一。

3. **逐步或縮合聚合**：單體如沒有雙鍵結構時，可由其兩末端之不同官能基起化學反應，逐步聚合而得來。

❯❯ 4.2.5　纖維材料

　　動物纖維有羊毛、蠶絲及蜘蛛絲，植物纖維有麻、木棉，這類天然纖維當衣物不錯，但其他功用有限。自 19 世紀末法國人製備了硝化纖維揭開了化學纖維之序幕。化學纖維又稱合成或人造纖維。人造纖維有聚丙烯腈、聚酯、尼龍、光纖、碳纖維及聚醯胺等。阿拉米德(Aramid)，又稱芳綸為芳香族聚醯胺纖維。其聚合物的大分子主鏈上含有芳香環，所以具有優良的耐熱性、耐化學試劑性、耐輻射性和尺寸穩定性，被廣泛地應用於高溫過濾材料、耐熱工作服、太空服及電絕緣材料。凱芙拉(Kevlar)是阿拉米德的一種商品名，也是聚醯胺纖維可製防彈衣及可折單車外胎的胎唇。聚丙烯腈可製外套及地毯；尼龍可製魚網、褲襪。碳纖維可製網球拍、

單車車架；聚酯可製內衣褲及排汗衫。常使用的纖維，為了滿足各種功能，常採兩、三種以上纖維混紡或堆疊。

▶ 4.2.6　橡膠材料

　　印尼、馬來西亞的橡膠樹經割皮，收集流出之乳液，離心分離脫水後，所得高固形之乳膠為天然橡膠(Nature Rubber，NR)。天然橡膠為異戊二烯的重複結構，如表 4.8 所示。吾人亦可由自由基聚合法得到聚異戊二烯之合成天然橡膠，但性質較差成本較高。合成橡膠主要是二戰時美國缺天然橡膠，取含二烯的單體經聚合而得到苯乙烯丁二烯橡膠(Styrene Butadiene Rubber，SBR)，主要用在汽車輪胎，以碳黑強化之；若加碳酸鈣形成的白色美麗的輪胎卻易氧化不耐久用。橡膠為了保持彈性與形狀，必須將易動之分子鏈固定，即經過架橋處理，19 世紀固特異(Good-year)先生無意發現添加硫粉再加熱會讓結構變強，撕裂抵抗性變好。此後橡膠強化應用均以加硫處理為主。

◆ 表 4.8　常見橡膠彈性體

名稱	原料	構造	性質	用途
天然橡膠 NR	異戊二烯	$\sim(CH_2C(CH_3)=CH\text{-}CH_2)_n\sim$	撕裂抵抗性好	輪胎（易氧化）
人造橡膠 SBR	苯乙烯及丁二烯		抗氧化性好	輪胎（易撕裂）
氯平橡膠 CR	Chloroprene	$\sim(CH_2C(Cl)=CH\text{-}CH_2)_n\sim$	抗油性好	油管
丁基橡膠 IIR	異丁烯及異戊二烯	$\sim(C(CH_3)_2CH_2)_x\text{-}$ $\text{-}(CH_2C(CH_3)=CH\text{-}CH_2)_y\sim$	氣體透過率小	內胎
矽氧橡膠	二烷基矽二醇	$\sim(O\text{-}Si(CH_3)_2)_n\sim$	溫度抵抗性好	飛機輪胎、奶嘴

高分子除這裡所介紹常用者外，還有機能性高分子，如離子交換樹脂、高分子分離膜、感光性樹脂、導電性高分子、醫用高分子等。所以整個高分子工業對我們日常生活可說是息息相關。

▶ 4.2.7　複合材料

每一類材料都有其優缺點。金屬材料雖然強度強，但重量重，陶瓷材料雖然耐高溫，但易碎、延展性差。至於高分子材料，其重量輕，但強度弱且抗熱能力不好。因此，如果能結合兩種或數種材料，截長補短，便能製造出性能優越的材料。複合材料便是基於這個概念而生。

◆ 表 4.9　各種複合材料的組成

分散材 ＼ 分散媒	有機材料	無機材料	金屬材料
有機材料	合板、塑合板 尼龍層胎體輪胎、塑膠	石膏板 乳膠漆 塑膠灰泥	電線 含油軸承
無機材料	GFRP(SMC，GMT) CFRP 發泡材料	陶瓷、玻璃 超導體 強化水泥	超合金 金屬發泡材料 分散強化金屬
金屬材料	BFRP 鐵絲網塑膠、鋼絲 層胎體輪胎	鋼筋混凝土 鐵絲網玻璃 搪瓷、BFRA	超導體 合金 三明治材料

CFRP：Carbon Fiber Reinforced Plastics：碳纖維強化樹脂
GFRP：Glass Fiber Reinforced Plastics：玻璃纖維強化樹脂
SMC：Sheet Molding Compound：層狀模造化合物
GMT：Glass Multi- Reinforced Thermoplastics：多層玻璃強化樹脂
BFRP：Boron Fiber Reinforced Plastics：硼纖維強化樹脂
BFRA：Boron Fiber Reinforced Aluminum Matrix：硼纖維強化鋁材

　　原木木材是上帝給人類最好的禮物，具有材質輕軟但韌性無窮的特性。原木是由較硬的纖維與鬆軟的木質素構成，因而成為性能優越的建材。現代的木材更是在天然複合材料上，加上合成材料的人造超級複合材料。

1. **木心板**：中間是小木塊聚集，外層是夾板的木板稱木心板。

2. **塑合板**：中間是木粉、蔗渣及木屑，外層是塑膠夾板的木板稱塑合板。

3. **密集板**：只有木粉，木屑膠合板而成的木板是密集板。

　　圖 4.1 由上而下分別是原木、木心板、塑合板、密集板及矽酸鈣板。一般而言，木心板比塑合板強度好。矽酸鈣板可防火耐熱隔冷、無氯無塵無石綿。相對這些人造的木板及喜歡搬家的現代人而言，實木太重，選這些高科技木板也有許多方便之處。木材與塑膠的各種性質相類似；木材怕水要油漆，塑合板遇水會膨脹分解。塑膠怕太陽的紫外線，曬久會脆裂。另外，鋼筋混泥土也是個典型的複合材料。一般而言，複合材料的設計方式很多，常見的多是利用纖維(fiber)或分散粒子在連續本體(matrix)中達到強化的效果。

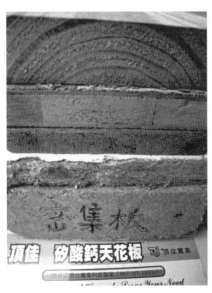

⊃ **圖** 4.1　由上而下分別是原木、木心板、塑合板、密集板及矽酸鈣板

碳纖維是由聚丙烯腈(PAN)高溫絕氧化（3000℃黑鉛化）製成，與樹脂可製成超輕碳纖維帆船船身等複合材料(Carbon Fiber Reinforced Plastics，CFRP)，比以前的玻璃纖維船身(Glass Fiber Reinforced Plastics，GFRP)要輕一半重量。碳纖維質輕剛強，耐高溫不腐蝕，抗疲勞不龜裂，配合基材(Matrix)的應用，以最合適的製造技術，依設計藍圖製造成品，通過測試驗證，廣為世人所用。在日常生活中，玻璃與碳（石墨）纖維強化的複合材料，相當普遍，例如我們用的網球拍，常常是用碳纖維強化鋁合金之複合材料製成。複合材料之高爾夫球桿及腳踏車等運動器材在日常生活中也十分普遍。配合各產業不同系統零組件需求，可選擇合適的纖維，配以恰當的基材，經過最佳化的製造程序，達成系統需求，發揮其應有功能，具備各種特色如設計自由度高，可一次製作大型複雜外形的構件，可依產品需求選擇製程而予適當自動化，成品尺寸安定性高，碳纖維具屏蔽電磁波(EMI)功能，剛性佳又有較金屬為佳的阻尼，尤有進者，碳素複合材料不腐蝕抗疲勞，強度及剛性是鋁的 2 倍、鋼的 5 倍。表 4.9 為各式複合材料應用到各種組合，可用到 3C 產業、航空產業、風力發電產業、汽車零組件及船舶產業。這些複材，單位重量可承受之應力強度一般稱「比強度」常比傳統的金屬合金高上很多。最新型的民航機，包括空中巴士的 A380 及波音的 B787，後者機體結構重量的 50%為碳纖維複材。

❷ 4.2.8　其他材料

在其他材料中，最具代表性的，可說是電子材料，電子材料可分為：1.主動元件：半導體、電子管、顯示器；2.被動元件：電阻器、電容器、濾波器；3.功能元件：電源供應器、感測器、讀寫器、電池；4.機構元件：印刷電路板、繼電器、連接器、開關。電子材料中半導體最重要。當人造高分子的發明對近代工程產生大的衝擊時，半導體尚沒沒無聞。但隨著固態電子的發展，半導體便掀起了重大的科技革命。這類材料由於在電性上的獨特性質，因此在電子元件的應用上十分普遍，由於它們的影響而加速電子及資訊時代的早日來臨。

一、半導體

　　1947 年三位貝爾研究室的物理學家休克萊、巴定和布拉定發明了固態放大器稱為半導體。半導體重量輕、體積小，又不用擔心像真空管一樣會碎，而且耗電少，使用壽命長。半導體以通過電子傳導或電洞傳導的方式傳輸電流。電子傳導的方式與銅線中電流的流動類似，即在電場作用下高度離子化的原子將多餘的電子向著負離子化程度比較低的方向傳遞。電洞導電則是指在正離子化的材料中，原子核外由於電子缺失形成的「電洞」，在電場作用下，電洞被少數的電子補入而造成電洞移動所形成的正電流。

　　一般半導體材料的能隙約為 1~3 電子伏特，介於導體和絕緣體之間。因此只要給予適當條件的能量激發，或是改變其能隙之間距，此材料就能導電。而矽、鍺、碳、錫、鎵這些元素也正好是也金屬和非金屬的分野。矽和鍺是最普遍使用到半導體元素，藉由純化技術，電子材料級的矽和鍺的純度要求多在 6 個 9 以上，即 99.9999%。也因為藉高純度的控制，人們可藉由雜質(dopant)的加入來調節所需求之電導特性。隨著積體電路技術的發展，人們可藉由氧化、蝕刻、沉積、離子植入等方式，直接將電路及電子元件直接構築在矽的單晶上面。在目前超大型積體電路的加工技術上已可使矽晶片上電子線路間之距離縮小至奈米，台積電的 28 奈米製程良率高，已非常成熟。為如此元件小，電腦用的中心處理單元，常包含上百萬個基本電路元件在裡頭。

　　半導體中當電子從傳導帶回價帶時，減少的能量可能會以光的形式釋放出來。這種過程是製造發光二極體(light-emitting diode，LED)以及半導體雷射(semiconductor laser)的基礎，在光電科技的應用上十分普遍。半導體材料也適合用來作為電路元件，例如電晶體。電晶體屬於主動式的（有源）半導體元件(Active semiconductor devices)，當主動元件和被動式的（無源）半導體元件(Passive semiconductor devices)如電阻器(Resistor)或是電容器(Capacitor)組合起來時，可以用來設計各式各樣的積體電路或微處理器。

二、超導體

可以在特定低溫下,呈現電阻為零的導體,稱為超導體。電流流過零電阻的導線不會產生熱量損失,所以一旦通電,電流會一直流著,幾乎不用添加額外的能量,如此可製成耗電極少的強力電磁鐵。原本都在極低溫的合金在絕對零度下才發現有超導特性。1911 年荷蘭的物理學家歐尼斯(Heike Kamerlingh Onnes)在接近絕對零度(°K)之水銀中發現。由於需要將材料維持如此低溫才具有超導特性而不實用。直到 1973 年鈮三鍺合金超導體被發明(Nb$_3$Ge),使得超導溫度提升到 25K,已可應用在大型粒子加速器上,但也使得人們在觀念上一直認為高溫超導體是金屬,這個觀念直到 1986年,人們發明了氧化物的陶瓷超導體才被改正,這種氧化物的超導溫度約為百 K。而發現陶瓷半導體的兩位 IBM 的科學家也因而拿到諾貝爾獎。由於超導體幾乎是沒有電阻,因此在電力輸送上將可大重地節省能源,另外在電能的儲存乃至於磁浮火車用的大型磁鐵,即可因超導的發明而獲得解決。因為新的超導體的臨界溫度高於液態氮的液化溫度(77K)。

❿ 4.2.9　掃描穿隧式顯微鏡與奈米材料

八〇年代初期時,美國 IBM 公司位於瑞士蘇黎世實驗室的賓伊和努爾兩位科學家發明掃描穿隧式顯微鏡,奈米技術才實現。掃描穿隧式顯微鏡的原理是利用一根鎢金屬製成的探針,掃描物體表面後顯示出表面的影像,就如同人造衛星在太空中環繞探測地球表面一樣。探針在極靠近物體表面時,加上低電壓於探針上,針尖上的電子就會跳到物體表面上,我們稱之為穿隧電流(Tunneling current),這就是此顯微鏡命名的由來。被觀察的物體最好是半導體或金屬材料,因為絕緣體材料不導電。由於物體表面高度的不同而造成穿隧電流的變化,高的地方穿隧電流變大,低的地方穿隧電流變小,藉由電流量大小的控制,我們可以得到物體表面原子排列的形狀。這個形貌高度差僅數原子的高度,故掃描穿隧式顯微鏡的發明是顯微鏡技術的一大進展,也成往後奈米技術中無可比擬的主要工具。

一、人類能操縱原子排列的意義

1990 年，美國 IBM 公司位於加州的研究中心，研究員伊格於低溫下操作掃描穿隧式顯微鏡，利用顯微鏡的探針，按照自己的意志將 35 個原子於鎳基板上排列成 IBM 三個英文字母，這個人類破天荒的原子氙操縱，直接地實現了費曼於 1959 年的演說，按照人類自己的意志來排列原子的幻想，此原子操縱術使奈米技術向前邁一大步。1990 年 7 月在美國巴爾的摩舉行第一屆國際奈米科技會議，到此時奈米科技正式成為一門獨立的學科。

二、破解碳六十的結構及發現奈米碳管

1985 年，美國化學家史莫利，與英國化學家科爾托利用雷射激光於石墨上，將收集的碳灰去雜質，純化後得到的碳簇置於質譜儀上分析，由質譜儀的結果發現兩種不明物質，分別為碳重量的 60 倍與 70 倍。科爾托到加拿大的蒙特婁巨蛋體育館，見到巨蛋體育場的屋頂為五角形與六角形構造而得到靈感，進而成功解出碳六十的結構，稱碳六十為 C^{60}。

1991 年 1 月，日本 NEC 公司基礎研究實驗室的飯島澄男用碳電弧放電法和成碳六十分子時，發現一些針狀物，利用高解析穿透式電子顯微鏡觀察這些針狀物，發現針狀物為奈米級大小的多層同軸中空的碳管，現在我們稱之為多層奈米碳管。爾後 1993 年，又發現單層奈米碳管。飯島澄男的重要發現馬上引起各國、各個科技方面的研究人員的注目，從而探討瞭解奈米碳管的特殊結構與優良性質，現在奈米碳管已有大量的運用了。

4.3 設計製造

　　有了合適的材料，還要有設計圖、生產機器加模具，才能製造出有產能的成品。設計圖要有下視圖，側視圖及正視圖，才能組合成一個立體的物品。臺灣的中華台陽能聯誼會發表研究成果，展示出世界最小的太陽能車，車體僅 3 公分，如圖 4.2，如果要設計它的零件，可以由圖學畫出三視圖，再如圖 4.3 可組成一立體物。

● 圖 4.2　3 公分長的太陽能車

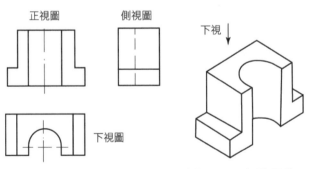

● 圖 4.3　正視圖、下視圖、側視圖及立體圖物

◯ 圖 4.4　陶瓷設計燒結製造

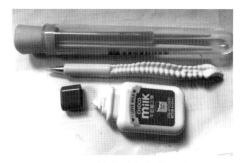

◯ 圖 4.5　塑膠射出成型製造

◯ 圖 4.6　木製光學及類戰鬥陀螺

◯ 圖 4.7　機械類電腦輔助設計與製造
立體圖

　　圖 4.4 陶瓷設計燒結製造，小規模的藝術品是量產的起步。圖 4.5 塑膠射出成型製造品，圖 4.6 是木製的光學及類戰鬥陀螺，最左是由 USB 帶動旋轉七彩紙板變白色板；中間陀螺是由姆指及食中等手指帶動旋轉變成白色板，小木棍的右上邊陀螺旋轉沒有變成白色的效果，右前方的類似戰鬥陀螺，但是以拉動棉繩轉動，也沒擊毀別的陀螺的能力，小木棍是前端兩個小咪咪陀螺的原料。

　　現今機械類設計多採用電腦輔助設計與製造(Computer Aided Design/ Computer Aided Manufacturing)簡稱 CAD/CAM，是指利用電腦來從事分析、模擬、設計、繪圖並擬定生產計劃、製造程序、控制生產過程，也就

是從設計到加工生產，全部借重電腦的助力，因此 CAD/CAM 是自動化的重要中樞，影響工業生產力與品質。圖 4.7 是電腦輔助設計與製造的立體圖物。

利用電腦輔助設計與製造，圖 4.8 機器參數的設定及運作，不但要完成規格品，且要常討論流變學在塑膠模具上的應用及塑化劑及加工助劑加入對產品的關係，如圖 4.9 討論塑化劑及加工助劑加入對產品的影響，重要的有「果汁機機殼對酸水果溶出塑化劑的變化」。尤其對矽膠奶嘴及其他熱水瓶密封襯墊的影響。研討機器設定參數對未來食品級塑膠碟板、水果切菜板、食品包裝材料、食品塑膠容器（水、果汁、醬料、微波專用等）、美耐皿餐盤、美耐皿麵碗的影響。討論塑膠在模具上加熱成型時毒素在表面分散的情形，討論 PC、PVC、PS、PE、PP、PLA 各類塑膠在食品上的應用及風險。圖 4.8 機器參數的設定及運作，圖 4.9 討論塑化劑及加工助劑加入對產品的影響。

⊃ 圖 4.8　設計金屬模具時，機器參數的設定及運作

⊃ 4.9　討論塑化劑及加工助劑加入對產品的影響

3D 列印(3D Printing)又稱立體列印，原意是指將材料有序沉積到粉末層噴墨列印頭的過程。將一些實物的模型，利用計算機的 3D 建模軟體建立並進行切片，切片數據被轉換為特殊的代碼傳輸給 3D 印表機。有增材製造(Additive Manufacturing，AM)或積層製造，有熔融沉積式(Fused deposition modeling，FDM)使用 ABS 或 PLA 塑膠，光固化成形 (Stereolithography)，選擇性雷射燒結(Selective Laser Sintering，SLS)，選擇性雷射熔化(Selective Laser Melting，SLM)，可指任何列印三維物體的過程。3D 列印主要是一個不斷添加的過程，在電腦控制下層疊原材料。3D 列印的內容來源基於三維模型或其他電子資料，其列印出的三維物體可以擁有任何形狀和幾何特徵。3D 列印機屬於工業機器人的一種，應用領域很廣，非量產的物品如義肢、無人機等工業設計等。之前一般都是用電腦數值控制(Computer Numerical Control，CNC)工具機做手板；隨著科學技術及 3D 列印技術的不斷發展，現在越來越多的設計公司用 3D 列印技術來做手板。

設計與製造是企業發展的命脈，最近幾年能站穩腳步的新發明有「無扇葉」電扇，及臺灣 g 牌的電動機車。英國 d 牌「無扇葉」的電風扇，其運作原理是靠底座吸入空氣，每秒可以吸入 5.28 加侖的流量，並透過環形的增壓器，從只有 1.3 mm 的孔隙擠出空氣，利用空氣倍增法的設計可以製造出高倍威力的噴射氣流，同時可加熱空氣及過濾粉塵及微菌再排出。

≫ 4.3.1 建築材料的設計

◆ 表 4.10 建築材料線性熱膨脹係數

物質	α in 10^{-6}/K 20 °C
紅磚	1.0
混凝土	12.0
花崗石	9.0
鋼或鐵	12.0
瓷器	2.0

表 4.10 是建築材料熱膨脹係數，混凝土是 $12×10^{-6}$/K，紅磚是 $1.0×10^{-6}$/K。兩者的線性膨脹係數擦 12 倍。紅磚和混凝土的建築或，當溫度升高時，混凝土膨脹量會更大 12 倍。溫度降低時，混凝土會收縮成更小 12 倍。紅磚和混凝土的膨脹和收縮不同，時間久了紅磚會翹起鬆弛或脫落。

同理瓷磚和陶片的線膨脹係數為 $2×10^{-6}$/K，和混凝土 $12×10^{-6}$/K 差 6 倍，氣候溫差過大時，貼在混凝土外的瓷磚和陶片會掉落傷害地面的人或物體。只要配方設計的好，混凝土外牆不發黴，現在已有大樓不貼磁磚，如圖 4.10 及圖 4.11 所示，採用清水模建築(Fair-faced concrete)，將混凝土一次澆注成型，「開模即完工」。僅在事後為了避免日後被雨水侵蝕浸損，會噴上一層防水保護膜。

鋼筋混凝土相配的卻很好，因為混凝土為 $12×10^{-6}$/K，鋼筋是 $12×10^{-6}$/K。兩者的線性膨脹係數相同。所以當溫度升高下降時，鋼材和混凝土的膨脹和收縮是相同的，因此這種結合將成為堅固的建築構件。

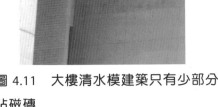

⊃ 圖 4.10　大樓不貼磁磚採用清水模建築

⊃ 圖 4.11　大樓清水模建築只有少部分貼磁磚

4.4 技術轉移與代工

OEM 和 ODM 為兩種現代流行的代工方式，OEM (Original Equipment Manufacturer)是指採購者提供設備和技術，由製造方負責生產，提供人力和空間，採購者負責銷售的一種生產方法，品牌和授權通常由採購者提供，允許製造者可以生產貼有該品牌的產品。ODM(Original Design Manufacturer)是指採購者委託製造方，製造方從設計到生產一手包辦，而由採購者負責銷售生產的方式，採購方通常會授權其品牌，並允許製造方生產貼有該品牌的產品。

4.5 結　論

不管是要一個新工具，要改善生活，或要些美感物體，創新設計是不可缺。從界定問題，收集資料，產生構想，評估構想，細部設計，試作及修正，決定與執行。一件好的設計作品應兼顧功能、造型、獨特性及耐用性。失敗沒關係，動手實作可累積技術及經驗、增強信心，最後會得到一系列的新物品。化學工業、電腦、物理、材料科技及電機、機械、建築及水利工程的加速發展，給人類帶來很多新知及生活的便利與舒適。可預期的，陸陸續續將有更新，更具智慧型的新材料發展出來。然而，材料是地球資源的一部分，在材料使用週期結束後，是否可再利用，而不至於汙染環境，浪費資源，也是材料設計開發不可忽視的重要因素。例如我們現在常用的寶特瓶及保麗龍等高分子器皿，大量地使用，的確給我們帶來許多便利，但這些垃圾已將海洋填滿，產生將新的第六大洲，這真是個令人頭痛的問題。因此，環境保護及資源回收的考量將刺激另一項研究的課題。完整的使用回收，更會是未來材料選擇的重要考量。

試 題 .... Exercise 》》》》》》

1. (　) 將木粉或木屑膠合蒸壓而成　(1)木心板　(2)塑合板　(3)密集板　(4)實木。

2. (　) 家庭用不沾鍋的成分是下列何者？　(1)聚氯乙烯(PVC)　(2)聚四氟乙烯（鐵氟龍 Teflon）　(3)聚丙烯(PP)　(4)聚苯乙烯(PS)　(5)環氧樹脂。

3. (　) 氣體透過率小，可製成內胎的橡膠是　(1)丁基橡膠 IIR　(2)矽氧橡膠　(3)人造橡膠　(4)氯平橡膠。

4. (　) 加油站輸送汽油的橡膠管是　(1)丁基橡膠 IIR　(2)矽氧橡膠　(3)人造橡膠　(4)氯平橡膠　製成的。

5. (　) 下列何者塑膠電絕緣性好，可製成電器插頭？　(1)PVC　(2)酚甲醛樹脂　(3)人造橡膠　(4)聚四氟乙烯（鐵氟龍）。

6. (　) 何者由碳組成？　(1)碳纖　(2)鑽石　(3)石墨　(4)奈米碳管　(5)以上皆是。

7. (　) 以半導體（如矽晶）為主的電子工業，製造了電腦、雷射、CD、行動電話等產品，稱　(1)第一次　(2)第二次　(3)第三次　(4)第四次　材料革命。

8. (　) 1 nm（奈米）＝　(1)10^{-3}　(2)10^{-6}　(3)10^6　(4)10^{-9}　(5)10^3 米，meter。

9. (　) 何種塑膠可溶於水？　(1)聚氯乙烯(PVC)　(2)聚苯乙烯(PS)　(3)聚乙烯(PE)　(4)聚丙烯(PP)　(5)聚乙烯醇(PVA)。

10. (　　) 塑膠中加入澱粉，黃豆則　(1)形成發泡體　(2)可生物分解　(3)可溶於水　(4)可增強硬度。

11. (　　) 俗稱保麗龍的塑膠是　(1)聚氯乙烯(PVC)　(2)聚苯乙烯(PS)　(3)聚乙烯(PE)　(4)聚丙烯(PP)。

12. (　　) 下列哪種物質為熱固性塑膠　(1)聚氯乙烯(PVC)　(2)聚苯乙烯(PS)　(3)聚乙烯(PE)　(4)酚甲醛樹脂　(5)聚丙烯(PP)。

13. (　　) 真正可生物分解的塑膠是　(1)聚氯乙烯(PVC)　(2)聚苯乙烯(PS)　(3)聚乙烯(PE)　(4)聚丙烯(PP)　(5)聚乳酸(PLA)。

14. (　　) 光觸膜　(1)必須利用波長 380nm 之紫外線照射　(2)可將有機物分解成二氧化碳及水　(3)脫臭力士活性碳的百倍　(4)以上皆是。

15. (　　) 何者在燃燒時會放出微氨臭和硫化物的刺激臭味？　(1)嫘縈　(2)耐隆　(3)羊毛　(4)棉花。

請掃描 QR Code，下載習題解答

MEMO

CHAPTER **05**

能源科技

LIVING
TECHNOLOGY

地球上有取之不盡，用之不竭的能源，稱為再生能源。含有太陽能、水力、風能、潮汐及地熱。但是石油、天然氣、生質燃料及煤等，用畢無法再生，稱為非再生能源。

能源可以以最原始的狀態直接利用，稱為初級能源。如太陽能、水力、風能、潮汐及地熱。如果能源在使用前，必須經適當轉換，稱為次級能源。如電源、汽油等。轉換產生次級能源當中會以熱的形式，損失大部分的能量。

再生及初級能源，符合低碳及環境保護，是本章討論重點：

5.1 太陽能

人類所利用的能源，歸根究底的說，大多來自太陽，從太陽直射至地球的陽光溫暖了大地與大氣層，所以適合萬物的生長。太陽同時間接地將熱量儲存在海洋或空氣中，這種能量可用來發電或做其他的用途。此外，礦物燃料的初級能量也是來自太陽。

假如將每年照射在地球的陽光都收集起來，我們可以得到大於目前每年能源總消耗量數百倍的能量，平均每平方公尺的地面可得到 180 瓦或每分鐘 12BTU 的太陽能。

以太陽能發展的歷史來說，光照射到材料上所引起的「光起電力」行為，早在 19 世紀的時候就已經發現了。到了 1930 年代，照相機的曝光計廣泛地使用這一個原理。接著，到了 1950 年代，隨著半導體物性的逐漸瞭解，以及加工技術的進步，第一個太陽能電池在 1954 年誕生在美國的貝爾實驗室。1973 年發生了石油危機，讓世界各國察覺到能源開發的重要性。由於太陽光是取之不盡，用之不竭的天然能源，除了沒有能源耗盡的疑慮之外，也可以避免能源被壟斷的問題，因此各國也積極地發展太陽

能源的應用科技，期望由增加太陽能源的利用來減低對化石能源的依賴性。

太陽能的方法有下列四種：

1. 利用平面或曲面鏡反射器：將陽光聚集照射到鍋爐上，使同一點聚集大量的能量，以產生極高的溫度。當陽光聚集後其溫度足以使金屬鹽熔化。

2. 利用平面板集熱器：一般家庭用的太陽能熱水器加熱系統，便是採用平面板集熱器。

3. 利用太陽能電池將陽光轉變成電力：例如太陽能計算機，便是利用太陽能電池來提供電力。

4. 利用綠色植物來進行光合作用：綠色植物將太陽能儲存在澱粉、醣以及纖維素等產物當中，以提供動物活動時所需的能量，亦可以直接燃燒產生熱能。

一、利用陽光反射器產生電力

此種發電方法是在太陽能發電廠中央建一高塔，並在塔頂安裝鍋爐。在高塔的四周有幾千具的反射鏡環繞，可將太陽光反射聚集到鍋爐上。反射鏡由電腦控制，可隨著太陽的移動而改變角度，連續不斷地將陽光反射至熔融鹽上，該熔融鹽可熱至 270°C，所集中的熱量傳至鍋爐，可以使鍋爐中的水汽化而成高壓蒸汽推動渦輪發電機而產生電力。美國於 1983 年在新墨西哥州建立世界上最大的太陽能電廠，它的發電量可以高達 16 百萬瓦特。此一發電廠以總面積三萬平方公尺的反射器收集太陽能，當天氣晴朗時，可發出 24 千瓦的電力。

目前太陽能電池的使用，僅限於耗電量較少的地方，主要的原因是其製造成本太高且效率低，一仟瓦的矽晶太陽電池成本約 5 元美金，若要與燃煤或燃油的發電方式競爭，其成本必須降到美金 5 角。

二、利用太陽能供應家庭所需的熱能和電能

目前應用太陽能最成功的例子,是利用太陽能供應暖氣與熱水。家庭用平板是集熱器就「價格」與「使用效率」來說都已具實用價值。家庭用太陽能集熱器可以供應50%以上家庭所需熱量。在陽光充裕的地區,只要在屋頂裝上六平方公尺的平板式集熱器,便足可供應一個家庭所需的熱量。

簡單裝置是將平板集熱器裝在屋頂上,這種集熱器是一個表面透明的大箱子,在箱子內部塗有一層黑色的吸熱漆。當陽光進入箱內,便被吸熱漆所吸收,進而加熱箱內的空氣,熱空氣可送到室內循環,以供應暖氣。箱內亦可裝上黑色的金屬管,水在管內緩慢流動,便可得到85°C的熱水,這種太陽能加熱系統可加配儲熱槽,將熱量儲存已備沒有太陽的時候可以使用。電、瓦斯、燃料油與太陽熱水器的成本與效率比較表5.1所示。

另一系統是利用一種完全透明、密度比鹽水低、且有足夠黏性以壓制下方鹽水對流的聚合凝膠,把它覆蓋在鹹水池上方以壓制鹽水的蒸發。再利用一幫浦和熱交換器將鹽水受陽光照射後所吸收的熱量加熱家庭的冷水源。凝膠的厚度約一呎,下方的鹽水儲熱層在夏季時可達到近乎沸點(100°C)的溫度。新式真空管集熱器更可達到(120°C)蒸氣化的溫度。比較如表5.2所示。

利用太陽能發電(Photovoltaic,PV)受到的限制有下列三點:

1. 轉成電能或機械能的效率不高。
2. 陰雨天氣及夜晚無法連續地供應。
3. 聚熱板接受陽光的面積必須很大。

◆ 表 5.1　太陽熱水器與其他熱水系統之比較（80 人規模計算下得之）

項目／系統別	電熱水器	瓦斯熱水器	鍋爐	太陽能熱水器
設備費	16 萬	20 萬	15 萬	35 萬
設備使用年限	5~7 年	4~5 年	5~7 年	10~15 年
使用燃料類別	電	液化瓦斯／天然瓦斯	燃料油	無
燃料效率	0.9	0.6/0.6	0.7	集熱效率：0.6
燃料費／年	20 萬	16 萬	13 萬	6 萬
操作過程	簡易	簡易	麻煩	免操作
安全性	老舊有漏電之虞	有外洩中毒爆炸之虞	有外洩中毒爆炸之虞	無安全顧慮
費用問題	1. 電費高為燃料費用最高者 2. 需付燃料費	1. 需燃料費 2. 有基本度數費 3. 負責管線安裝費	1. 設備費高 2. 需付燃料費	1. 無燃料費上漲與之虞 2. 定期付少許維護費 3. 初期投資成本大
其他	長期總投入經費比太陽能系統高	長期總投入經費比太陽能系統高（液化瓦斯）需經常載瓦斯桶	易造成汙染，有燃料費上漲與缺乏之虞	可做屋頂隔熱，美觀乾淨，需有適當安裝場所

來源：再生能源網；http://re.org.tw/(gw0xme45djfcmi55dd4m0zero)/com/f1/f11.aspx

◆ 表 5.2　平板型及真空型性能之比較

特性項目	真空管太陽能熱水器	一般平板式熱水器
吸收率	高於 93％	低於 80％
熱損率	小於 6％	大於 20％
總熱效率	高於 85％以上	低於 60％以下
空曬溫度	300℃	10℃
最高水溫	125℃（蒸氣化）	75℃
使用地區	不限制任何緯度區間	限熱帶、亞熱帶地區
安裝	簡易輕便，免升高水塔	體積重量均大、拆裝複雜
養護	簡易方便(DIY)	需專業技術人員
破損處理	可部分更換不影響系統運作	需整建換修
使用壽命	永不結水垢，使用年限特長	易結水垢、腐蝕、效率衰減快
吸收特性	所有波長紅外線均可吸收	限特定波長紅外線
適用水質	溫泉、海水、地下水均可使用	一般正常水質
熱交換方式	一次交換	光線→玻璃→銅管→（熱媒）→水
保溫方式	真空管本體具保溫	集熱片需有保溫裝置
結構	真空管本身材質密度高，無毛細孔，不結水垢	銅管有毛細孔、表面粗糙易結水垢
材質	高硬度安全玻璃不腐蝕	銅管會蝕孔產生銅綠

　　由於有這些限制目前尚無法大量使用太陽能。利用人造衛星吸收太陽能發電的構想，或許可以解決這些難題。把衛星放到 6 萬公里的太空中，上面裝兩具巨大的太陽能電池板，太陽能電池將太陽能轉變成電力，再以微波送回地球的接收站，在此情況下可獲得約地球表面 15 倍的太陽能。這種發電方式是否可以實現，端視未來的太空科技發展而定。

在太陽能轉換為電能方面，大部分是利用太陽能板把光能轉換為電能，例如電子計算機上的太陽能電池板等都是具體的應用例子。從最近這幾年太陽能源發展的趨勢來看，利用太陽能電池實現太陽能源的開發，因為技術進展十分快速，極有可能成為 21 世紀最有發展潛力的光電技術中的一種。表 5.3 太陽電池種類與目前已達效率。

◆ 表 5.3　太陽電池種類與目前已達效率

太陽電池種類	目前效率	未來效率	備註
染料敏化太陽電池	目前已達 5%	將以突破 20%為目標	惟量產效率待考驗
矽晶太陽電池	目前已達 18%	將以突破 20%為目標	量產平均效率 12~15%
CIGS 薄膜太陽電池	目前已達 19%	將以突破 20%為目標	惟量產效率待考驗
a-Si/μ-Si 薄膜	目前已達 15%	將以突破 16%為目標	惟量產效率待考驗
砷化鎵(GaAs)多接面太陽電池	2010 年最高效率 41%	預期 2015 年將突破 43%	量產平均效率約在 25~28%

三五族組成的砷化鎵(GaAs)化合物半導體，從二極體、LED、太陽能板、功率放大器等均可製成太陽能發電及其元件。

三、太陽能板

GaAs 的另一個很重要的應用是高效率的太陽電池。早在 1970 年時，Zhores Alferov 和他的團隊在蘇聯做出第一個 GaAs 異質結構的太陽電池。用 GaAs、Ge 和 InGaP 三種材料做成的三接面太陽電池，有 32%以上的效率。

四、功率放大器

功率放大器(Power Amplifier)是射頻發射電路中一個重要的元件，其主要的功能在於將訊號放大推出，通常都會被設計在天線放射器的前端，也是整個射頻前端電路中最耗功的元件。功率放大器主要應用於需要頻寬的電子產品或設備上，例如手機、平板電腦、WiMAX、Wi-Fi、藍芽、RFID讀取器、衛星通訊等網通產品，其中手機為功率放大器(Power Amplifier，PA)最大的應用市場。2G 手機要使用 1 顆 PA、2.5G 使用 2 顆 PA、3 G 使用 4 顆 PA、3.5G 使用 6 顆 PA。使用 1~2 顆 PA，演變增至 4~6 顆。隨著 3G、Smart Phone，PA 使用顆數也將大幅增加。

功率放大器可以細分為砷化鎵功率放大器(Gallium Arsenide，GaAs PA)和互補式金屬氧化物半導體功率放大器(Complementary Metal Oxide Semiconductor，CMOS)，其中又以 GaAs 的 PA 為主流。在 2G 手機等低階應用中 CMOS 因為有低成本優勢，未來在 PA 市占率可能持續擴大，但在 3G 和 4G 等高階應用中，GaAs 比 CMOS 有更高的效率和絕緣性以及更低的諧波和接收噪音，所以未來 GaAs PA 變為主流。

◆ 表 5.4　砷化鎵與矽(Si)材料比較

	砷化鎵(GaAs)	矽(Si)
最大頻率	2~300 GHz	2 GHz 以下
最大操作溫度	200℃	120℃
光能	可發光	可發微弱光
高頻下使用雜訊	雜訊低	雜訊高，且不易克服
元件	小	大
耗功	低	高
晶片切換速度	高	低

資料來源：再生能源網；http://re.org.tw/(gw0xme45djfcmi55dd4m0zero)/com/f1/f11.aspx

表 5.4 知 GaAs 擁有一些比 Si 好的電子特性，如高的飽和電子速率及高的電子移動率，使得 GaAs 可以用在高於 250 GHz 的場合。如果等效的 GaAs 和 Si 元件同時都操作在高頻時，GaAs 會擁有較少的雜訊。也因為 GaAs 有較高的崩潰電壓，所以 GaAs 比同樣的 Si 元件更適合操作在高功率的場合。因為這些特性，GaAs 電路可以運用在行動電話、衛星通訊、微波點對點連線、雷達系統等地方。

五、太陽能電池的材料

太陽能電池的發電能源來自太陽把高純度的多晶矽熔融在坩鍋中，再把晶種插入矽熔融液，用適當的速率旋轉並緩慢地往上拉引做成矽晶柱，然後再把晶柱加以切割，就可以得到單晶矽晶圓。至於多晶矽是指材料由許多不同的小單晶所構成，它的製作方法是把熔融的矽鑄造固化而形成。而非晶矽則是指整個材料中，只在幾個原子或分子的範圍內，原子的排列具有周期性，甚至在有些材料中，根本沒有周期性的原子排列結構。它的製作方法通常是用電漿式化學氣相沉積法，在基板上長成非晶矽的薄膜。由於材料原子排列的結構可以區分成單晶組態、多晶組態、非晶組態和奈米組態。

一般來說，單晶矽太陽能電池的光電轉換效率最高，使用年限也比較長，比較適合於發電廠或交通照明號誌等場所的使用。世界上，生產太陽能電池的主要大廠，例如德國的西門子及日本的夏普公司，都以生產這類型的單晶矽太陽能電池為主。

至於多晶矽太陽能電池，因為它的多晶特性，在切割和再加工的手續上，比單晶和非晶矽更困難，效率方面也比單晶矽太陽能電池的低。不過，簡單的製程和低廉的成本是它的最重要特色。所以，在部分低功率的電力應用系統上，便採用這類型的太陽能電池。

對於非晶矽的太陽能電池來說，由於價格最便宜，生產速度也最快，所以非晶矽太陽能電池也比較常應用在消費性電子產品上，而且新的應用

也在不斷地研發中。太陽能電池除了可以選用矽材料外，還可以採用其他的材料來製作，例如碲化鎘、砷化鎵銦(GaInP/GaAs/Ge)、砷化鎵(GaAs)等化合物半導體的材料，也可以製作高效率的太陽能電池。但是，因為這些材料的成本比較高，製成的元件只適用在一些比較特殊的。

六、太陽能電池種類

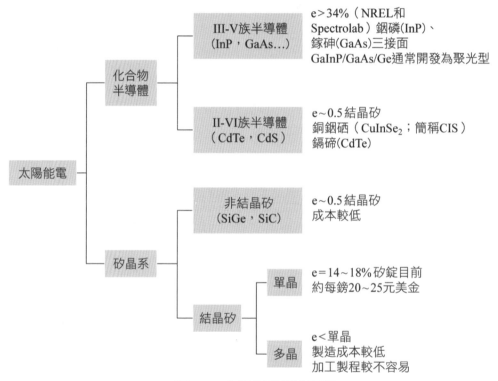

⊃ 圖 5.1　太陽能光電池種類

　　自 1960 年代開始，美國發射的人造衛星就已經利用太陽能電池做為能量的來源。到了 70 年代能源危機時，人們開始把太陽能電池的應用轉移到一般的民生用途上。目前，在美國、日本和以色列等國家，已經大量使用太陽能裝置，更朝商業化的目標前進。而推行太陽能發電最積極的國家首推日本。1994 年日本實施補助獎勵辦法，推廣每戶 3,000 瓦特的「市

電光電能系統」。在第一年，政府補助 49％的經費，以後的補助再逐年遞減。「市電並聯型太陽光電能系統」是在日照充足的時候，由太陽能電池提供電能給自家的負載用，若有多餘的電力則另行儲存。當發電量不足或者不發電的時候，所需要的電力再由電力公司提供。

七、美國太陽能源的預測

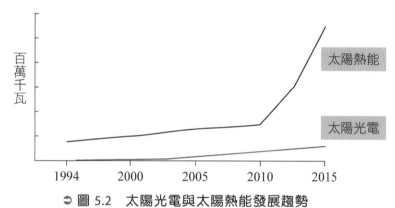

➲ 圖 5.2　太陽光電與太陽熱能發展趨勢

資料來源：Electricity，Annual Energy Outlook，January，pp. 36-37

　　在美國方面，前前總統柯林頓先生所提出的「Million Roofs Solar Power」方案，打算在 2010 年以前，建設完成 100 萬戶太陽能發電系統。除了日本和美國之外，德國也從 1990 年起，開始實施千屋計畫，每戶太陽能發電的裝置容量在 1~5 千瓦特之間，政府補助 70％的經費。到了 1995 年，已經有 2,250 戶裝設太陽能系統，總裝置容量也達到 5.6 百萬瓦特。此外，荷蘭政府也預計在 2020 年，太陽能系統的總裝置容量可以達到 1,450 百萬瓦特。至於其他各國，例如瑞士、挪威及澳洲等國，也都推行每年數千戶的太陽能電池安裝計畫。

　　近年來，國內廠商對太陽能電池事業的投資也逐漸感到興趣，主要原因除了國際市場的供不應求外，另一因素則是政府從 1999 年起，開始大力推展太陽能電池發電，並且著手推動各項獎勵措施，因此投入這一個事業的業者也明顯增加。

　　臺灣具有日照量充足、半導體和電力電子產業發展健全和政府極力推廣等優厚條件，再加上可能的能源危機，以及環保意識普及等，太陽能發電事業在臺灣確實具有非常大的發展空間。

　　在目前，由於科學家們不斷的研究，再加上半導體產業技術的進步，太陽能電池的效率也逐漸增加，而且發電系統的單位成本也正逐年下降。因此，隨著太陽能電池效率的增加、成本的降低以及環保意識的高漲，太陽能電池的使用也會越來越普遍。

　　但太陽能電池有其使用限制，如果光電板的面積不夠大，產生電不夠多，將直流轉成交流電的裝置約好幾萬，家庭要設此裝置變成不可行。表5.5 知 Casio 計算機太陽能電池功率可小於 0.001 Watt（瓦特，W），但是要使用在汽車上，蓄電池及太陽能板轉換效率都要提高。由表 5.5 知可攜式電力規模與電動汽車之比較，80 馬力的迷你轎車所需電力看起來很驚人。

◆ 表 5.5　可攜式電力規模與電動汽車之比較

Portable	Description	Potential Applications（潛在應用）
Micro（微小）	<0.001w	Calculator（計算機）
Mini（迷你）	<5w	Mobile phones（手機），clocks（鐘），small toys.
Small（小）	5~50w	Laptops（筆電）、camcorders（攝影機）、portable tools（手提工具）
Medium（中）	100~300w	Professional cameras（職業用照相機） Remote weather monitoring（氣候監測）
Large（大）	>500w	Lawn movers（割草機）、Wheelchairs（輪椅）、電動單車、Partable power supply（手提能源）
Huge（巨大）	>30,000w	傳統電動汽車

5.2 生質燃料

　　幾年前，荷蘭的政治人物與環保團體研究認為生質燃料對追求綠色能源非常重要，而迷戀它是「永續能源」。但其實生質燃料製造過程中，產生的二氧化碳量有時反而超過化石燃料。促使許多國家的政治人物都在重新思考，是否要斥資數十億美元鼓勵車輛與工廠使用生質燃料。

　　歐洲環保署的詹森(Peder Jensen)表示：「如果善用生質燃料，可以減少溫室氣體排放量，但這取決於植物的種類、栽種方式與加工方法，同樣使用生質燃料，結果可能是減少 90%的排放量，也可能是增加 20%的排放量。」

　　表面上看來，使用生質燃料做環保聽來十分合理，既然這些燃料取自於植物，植物本來就會吸收二氧化碳，和生質燃料燃燒時所排放的二氧化碳量應該會相等，但反棕櫚油運動的負責人表示，當初產業界尚未完成足夠研究，便已開始使用生質燃料。荷蘭是歐洲最大棕櫚油進口國，而且幾乎年年成長一倍，然而需求大增也造成遠方損害大增，據估計，在 1985年至 2000 年，馬來西亞砍伐大片森林，其中 87%都是為了種植棕櫚樹；印尼過去八年間的棕櫚樹種植面積亦成長 118%。

　　褐煤是千年以上的沼澤沉積，可燃燒、可食、可當成園藝的培養土，是一種很酸的植物泥碳蘚沉積很慢的沉積物，但為了減少碳排放，最好將之保育勿亂使用。褐煤是種天然海綿，會吸收大量碳在其中，幫助地球平衡溫室氣體量，而褐煤地則有九成都是水，但當人們將褐煤地的水分排乾後，原本儲存在褐煤中的碳便會排放至空氣中，而且當地民眾常會放火整地。且每年印尼光是將褐煤地水分排乾及放火焚地就釋放出 20 億噸的二氧化碳，相較於 8%的全球化石燃料氣體排放量，是因為從未計算這些開墾行為造成的影響。

5.3 風 能

　　古代荷蘭就已有許多風車，幫助農家排水、研磨穀物。利用現在科技及荷蘭、丹麥穩定的風場，甚至將風車植入海中，預計 2012 年風力發電占用荷蘭電量的 20%，北臺灣冬季風力充沛，但是夏天需要電卻無風。澎湖也有類似情形。有時颱風來時，準備不周，風力發電扇葉有損害的可能。

5.4 潮汐及地熱

　　臺灣的清水地熱發電設備，因碳酸鈣的沉積而停止運作，發電設備也要面對硫磺及硫酸的腐蝕。臺灣沒有夠大潮差，所以沒有潮汐發電機，即使有也要面對海水腐蝕，及颱風來時大潮的衝擊。臺灣沿海平均潮差為 3.5 公尺，金馬外島潮差約 5 公尺。而潮差 5 公尺以上才達發電的經濟規模。

5.5 全球暖化潛勢值

　　為了瞭解大氣中不同的「溫室氣體」對全球增溫現象的影響，科學家引用全球暖化潛勢值(Global Warming Potential，GWP)加以說明。排放量計算方法。CO_2 排放當量可表示成

　　CO_2 排放當量（CO_2 equivalent 或 CO_2 e）＝活動數據×排放係數×GWP

　　由表 5.6 各國電力排放係數依能源來源不同而差別大，臺灣的 CO_2 排放係數為 0.628，在世界排名前 10；臺灣推動再生替代能源，還有許多進步空間。

◆ 表 5.6　2005 年各國電力排放係數依能源來源不同而差別大

國家	發電結構%						CO_2 排放係數（Kg CO_2 e／度電）
	核能	水利	燃煤	燃油	燃氣	再生能	
澳洲	0.0	7.0	77.0	1.0	14.0	1.0	0.840
希臘	0.0	9.0	60.1	15.1	14.1	1.8	0.804
丹麥	0.0	0.0	55.0	5.0	21.1	18.9	0.689
臺灣	16.7	5.0	53.6	6.2	18.4	0.1	0.628
美國	19.0	7.0	51.0	3.0	16.0	4.0	0.608
德國	28.0	4.0	52.0	1.0	10.0	5.0	0.573
英國	22.0	2.0	35.0	2.0	37.0	2.0	0.531
南韓	37.0	2.0	39.0	9.0	12.0	1.0	0.527
日本	26.0	9.0	28.0	13.0	24.0	0.0	0.508
芬蘭	27.0	11.0	32.0	1.0	16.9	12.1	0.403
比利時	56.0	2.0	14.0	1.0	26.0	1.0	0.264
法國	78.0	11.0	5.0	2.0	3.0	1.0	0.082
挪威	0.0	99.0	0.0	0.0	0.0	1.0	0.000

　　能量轉換的效率值，蒸氣渦輪外燃機是 45%，汽柴油內燃機是 18%，以效率與汙染以及溫室效應來看燃煤和燃油當然不好，根據經濟部能源局統計資料，現階段臺灣再生能源涵蓋項目包括慣常水力發電（川流式水力發電）、太陽光電、風力發電、地熱能、生質能與廢棄物發電六種，但臺

灣的能源結構有八成來自石化能源，也大量仰賴進口，其餘的電力才是來自於核能、再生能源以及水力。若從國家戰略眼光以及國際上減碳的趨勢來看，要有效的掌握能源而不仰賴進口，發展再生能源是不可或缺的選項啊！但也不能全靠再生能源，畢竟再生能源是靠天吃飯，強烈颱風一來，暴露在外的設備，一定受損。圖 5.3 是臺灣發電來源與變化趨勢。

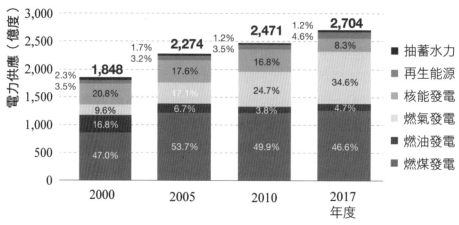

⊃ 圖 5.3　臺灣發電來源及變化

物理電功率單位：一馬力等於 746 瓦特（焦耳／秒），科技發達臺灣每兩家就有一部 150 馬力(2000cc)的車子及 7 馬力(100cc)的機車；省電燈泡 23 瓦特約等於 100 瓦特鎢絲燈又等於 8 瓦特的 LED 燈是大家耳熟能詳的。但是物理功的單位為「Joules，焦耳，J」，常令人感到生疏，因為一電度或一度電(kWhr)是一千瓦小時等於 3.6×10^6 焦耳，當談及國家能源政策發電量時談及的數目非常巨大，計算繁雜常令人困惑！以家庭太陽能發電 7.2×10^7 焦耳也只等於 20 度電，每度 3 元，台電只付你 60 元。功可以換成熱（卡），而熱功當量＝4.1865（焦耳／卡）又是營養師計算的依據，由焦耳變成卡再變成千卡（大卡），營養師愛講的運動減肥單位是：千卡／小時，物理的卡應該是小卡了。

◆ 表 5.7 夏天臺灣三位成員的家庭電器耗電功率表及費用參考值

電器	功率（W，瓦特）	小時	每月（30 天）使用電度 (kWh)	每電度 4 元
窗型冷氣空調	1000（溫度設在 27℃）	5	150	600
電冰箱	150	24	108	432
洗衣機	230	0.5	12.6	50.4
電鍋	800	0.5	12	48
吹風機	1200	0.2	7.2	28.8
DVD 播放機音響	25	0		
彩色電視 27 吋	100	4	12	48
微波爐	900	0.5	13.5	54
筆記型電腦	50	4	6	24
電腦	300	4	36	144
電扇兩台	50*2=100	8	24	96
烤麵包機	900	0.5	13.5	54
果汁機	800	0		
總和			394.8	1579.2

　　若每電度 4 元，春及秋季電功率及費用減冷氣機 150 電度 600 元，冬天再減電扇共 24 電度 96 元，剩 220.8 電度，電費約略為 880 元冬天兩個月共繳 1760 元。夏天要繳 1579 元，兩個月共繳 3158 元。未來發電結構不同約略為：

用電度數	100 度以下	100~250 度	250 度以上
	煤發電	天然氣發電	綠能發電
每度電電價	2.0 元	3.0 元	4.0 元

　　若是台電的電費維持在家庭用電電價每度在 2.0 元以上計算的電費會減一半。則亂用電的人增多，造成浪費。冬天使用電燒熱水洗澡夏天又不愛用冷氣機的家庭，其電費冬天可能比夏天還要高。

◆ 表 5.8　各種汽車使用燃料及燃料價之比較

車種	燃料	燃料價
燃料電池車	H_2	4~6
瓦斯車	CH_4	0.85
酒精車（巴西）	C_2H_5OH	0.5
汽油車	C_7H_{16}	1
柴油車	$C_{10}H_{22}$	0.9
傳統電動車(EV)	插電	電價
油電車	C_7H_{16}	0.6

◆ 表 5.9　汽油中添加酒精對汽車設備的影響

汽油添加酒精比重	化油器	汽油注入系統	汽油幫浦	汽油壓力器	汽油過濾器	點火系統	蒸發系統	油箱	觸媒轉化器	引擎	機油	進氣歧管	系統
5%	任何車輛均不需修改												
5~10%	修改	10 年以內新車輛不需修改											
10~25%	巴西用車需修改								不需修改				
25~85%	美國用車需修改												不需改
85%	巴西用車全部需修改												

資料來源：The Brazilian Automobile Manufacture Association（ANFAVEA），2005。

◆ 表 5.10　生質酒精與生質柴油生產成本比較表

生質燃料	國家	來源	參考年份	生產成本（美元／公升）
生質酒精 (Bioethanol)	美國	玉米	2004	0.32-0.55
		木材	2004	0.61
	法國	糖蜜	2001	0.63
	巴西	甘蔗	2003	0.20
	瑞典	木材	2002	0.61
		稻草	2003	0.76
	英國	甘蔗	2003	0.81
生質柴油 (Biodiesel)	美國	油籽	2003	0.62
	美國	油籽	2004	0.63~0.80
	歐盟	油籽	2003	0.77
	德國	油籽	2004	0.66~0.77
	美國	廢油	2004	0.42~0.60

來源：Renewable Energy: RD&D Priorities, Insight from IEA Technology Programs, 2006, International Energy Agency.

　　由表 5.9 及表 5.10 在美國與巴西，最常見的生質燃料是乙醇，兩國的原料分別是玉米與甘蔗，取代車輛原先部分使用的汽油；歐洲則多使用當地出產的油菜籽及葵花油製造柴油，也有少數情況是直接用植物油取代柴油，不經任何提煉。但由於許多歐洲國家都推動使用綠色能源，本地植物產量又不足，於是逐漸增加熱帶植物油進口量。

　　汽油中添加酒精對汽車的排放可減少一氧化碳、二氧化碳、氮氧化物、揮發性有機物、二氧化硫及醛類的排放，影響如表 5.11 所示。

◆ 表 5.11　汽油中添加酒精對汽車廢氣排放的影響

廢氣排放成分	E10（加 10%乙醇）	E85（加 85%乙醇）
一氧化碳(CO)	減少 25~30%	減少 40%
二氧化碳(CO₂)	減少 10%	減少 14%
氮氧化物(Nitrogen Oxides)	減少 5%	減少 10%
有機揮發物 (Volatile Organic Compounds，VOC)	一些減少	減少 30%
二氧化硫(SO₂)	一些減少	減少 80%
黑煙、微粒	一些減少	減少 20%
醛類(Aldehydes)	增加 30~30%	數據不足
芳香族（苯及丁二烯）	一些減少	減少 50%

資料來源：http://www.renewableenergypartners.org/ethanol.html

　　瓦特發明蒸汽機，蒸汽機就是外燃機，外燃機是在汽缸外燃燒燃料，加熱汽缸內的蒸氣；而內燃機的燃料（汽、柴油）燃燒是在汽缸內進行。外燃機的產生能量的時間比內燃機慢很多。以前 19 世紀的外燃機汽車要啟動，必須先燃燒鍋爐，等到產生蒸汽可能已半小時以上，再將蒸汽導入汽缸產生動力；火車鍋爐永遠不熄火，沒有時間延遲問題。除蒸汽火車外，現今的車輛使用的幾乎都是內燃機，除特殊用途外，外燃機已被淘汰。但是，內燃機燃燒不完全，排出的氣體有殘餘汽油、黑碳、一氧化碳及二氧化碳，所以能源轉換低。蒸氣渦輪及活塞式外燃機的能源轉換效率分別是(60%)及(45%)，如表 5.12 所示，比內燃機(18%)高很多。若石油被用光或一桶的價格升高至 200 美元，則外燃機的高熱轉換效率及便宜的煤可能又會再引起人們的興趣。

◆ 表 5.12　各種機器或人體能量轉換的效率值

機器或人體	效率理論值	目前的效率
燃料電池	80%	55%
複循環渦輪外燃機		60%
蒸氣渦輪外燃機	59%	45%
活塞式外燃機		43%
汽柴油內燃機	37%	18%
砷化鎵(GaAs)多接面太陽能電池	85%	40%
日光燈	28%	22%
人體		20~25%
白熾燈泡	10%	5%
LED 燈泡	43%	22%

　　在 1967 年代，當時還是東京大學電化學工程系助理教授本多健一(Kenichi Honda)及其博士班學生的藤嶋昭(Akira Fujishima)在某次試驗中偶然發現發現用二氧化鈦和鉑作為電極放入水裡形成迴路，當用水銀燈照射紫外光，即使不通電，兩個電極上均有氣體產生，再收集氣體分析後，證實在二氧化鈦電極和鉑電極所產生的氣體分別是氧氣和氫氣。此現象即為著名的「Honda-Fujishima Effect」，並於 1972 年發表在(Nature)科學雜誌上。而二氧化鈦就是扮演著光觸媒的角色。

　　此發現為能源上之重大突破，利用取之不盡的日光能量與光觸媒將水進行分解，產生氫氣與氧氣，由於氫氣屬潔淨能源；氫氣與氧氣反應釋放出能量後，僅會產生水，水可回收再次使用，為永續能源之最佳典範。所以藤嶋昭(Akira Fujishima)可說是太陽能電解水製氫技術之父。而相關的材料與技術，也開始的了光觸媒的產業。

　　以單晶二氧化鈦為陽極電極、白金為陰極電極的實驗裝置中，二氧化鈦在特定波長範圍之光激發後，產生電子電洞對，在電場導引下，電子被導引至白金電極，而存在二氧化鈦表面之電洞，移至二氧化鈦表面與水產生氧化反應，將水分解產生氧氣與氫離子，氫離子在白金電極與光激發之電子結合，產生氫氣。

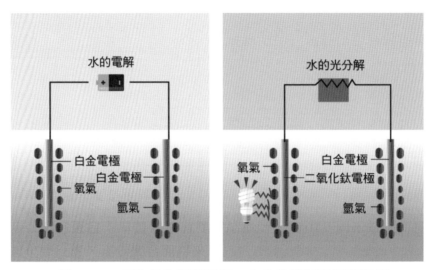

⊃ 圖 5.4　二氧化鈦為陽極電極、白金為陰極電極產氫氣

　　從此你不再需要前往加氣站為燃料電池車補充燃料；自家屋頂上的太陽能板二氧化鈦觸媒分解在白金陰級產氫氣，這就是你未來的專屬加氣站！

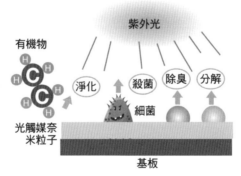

⊃ 圖 5.5　光觸媒可完全淨化材料表面

5.6 核 能

2011 年 3 月 11 日於日本東北外海發生 9.1 級大地震後，舉世震驚，海嘯和核災事故，更讓人重新考慮地震與海嘯產生的原因，一時廢核聲浪高漲。現在讓我們粗淺研究討論生成的原因，以免掉入日本海嘯和核災的宿命。

中洋脊是地球的大裂縫，從大西洋延伸至南半球的印度洋，再連結至南太平洋從澳洲南部外海至美洲的巴拿馬附近海域。中洋脊整條線冒出岩漿或熔岩(lava flow)，遇海水冷卻後，是造出新板塊的地方。新板塊推動舊海塊向陸塊擠壓，最後在大陸邊緣，切入陸塊下緣稱為隱沒帶的地方。從隱沒帶繼續向下回歸地心（函）的懷抱再熔化。

中洋脊產生的熔岩海塊向陸塊擠壓，當切入大陸邊緣陸塊下，含水海塊遇熔岩，會混合上升形成火山。

大部分的海嘯都是隱沒帶地震造成的，在此區域中海洋板塊受板塊構造運動驅使而下沉至地函。隱沒板塊與上覆板塊間的摩擦力非常的大，這個磨擦力避免了緩慢且穩定的隱沒作用發生，反倒是讓兩個板塊「卡住」。累積的地震能量：當釘住的板塊持續持續潛入地心（函），此舉會造成上覆板塊緩慢的扭曲變形，結果就會像是一個被壓縮的彈簧一樣累積了許多能量。積在上覆板塊的能量能保存一段很長的時間，通常是數十年到好幾個世紀。能量在上覆板塊持續累積，直到它克服了兩個卡住的板塊間的摩擦力。當這一刻來到，上覆的板塊會瞬間反彈回原來未受壓力的狀態，這樣的瞬間運動就會地震，於是引發海嘯。

日本及阿拉斯加附近區域所測得的板塊聚合速度大約為每年 12 公分，且日本及阿拉斯加直接與太平洋板塊直接接觸，200 年來已發生 5、6 次的 9 級地震；臺灣因位於菲律賓海板塊之上，菲律賓海板塊與太平洋板塊接線已經有第一線的摩擦，產生一些地震，抵消一部分的能量，以致臺

灣測得的板塊聚合速度大約為每年 7 公分左右，所以理論上臺灣只可能發生約 7 級以下的地震。並不會產生如日本般的大地震。

發展核能要有理性，不能不明事理自己嚇自己。如表 5.6 所示，法國的核能占全部能源的 78%，CO_2 排放係數只有 0.082。難道說法國會自己冒核災的危險，減少 CO_2 來拯救地球的氣候。

5.7 氫燃料電池

氫能源科技以零汙染的特色成為最重要的新興能源，氫能源科技的應用包括內燃機直接燃燒與使用電化學原理的燃料電池兩種，而無論就汙染，效率，或應用範圍來看，燃料電池都將成為未來能源科技的重要選項。

以內燃機燃燒氫氣（通常透過分解甲烷或電解水取得）及空氣中的氧產生動力，推動的汽車是氫內燃車(Hydrogen Internal Combustion Engine Vehicle，HICEV)。內燃機燃燒液態氫最方便，以-253℃貯氫的液態氫系統已測試成功，但卻有的缺陷，每日從封口蒸發而損耗的氫氣量，約為總存量的 3%。

1807 年 Isaac de Rivas 製造了首輛氫內燃汽車。德國寶馬的氫內燃車以 300 公里每小時創下了氫汽車的最高速記錄。馬自達已在開發燒氫的轉子引擎(Rotary Engine)，該轉子引擎反覆轉動，故氫從開口在引擎內的不同部分燃燒，減少突然爆炸這個氫燃料活塞引擎的問題。德國寶馬的 Hydrogen 7，使用氫與汽油兩用內燃機，2007 年已限量生產上市（使用氫燃料時最遠行程為 200km）。HICEV 為一般內燃機為基礎改良而成，要實現並不困難，困難之處在於如何降低成本及達至安全，以及安全地解決氫氣供應、儲存的問題後才可以推出市場。

▶▶ 5.7.1　質子交換薄膜的問題

氫燃料電池車（Fuel Cell Vehicle，FCV 或 F-Cell）利用高分子氟碳聚合物質子交換薄膜（Polymer Electrolyte Membrane 或 Proton Exchange Membrane，PEM）燃料電池可將導入燃料中 55％的能量轉化為功輸出，因而獲得工程師的青睞。其他優點還包括運轉溫度較低(80℃)、安靜且安全性佳、操作容易以及維修需求低。但隔膜技術如果能再改良，燃料電池車便可商品化及銷售。因為隔膜占 35％的成本。減低隔膜兩側的燃料穿透度；提升隔膜的化學與機械穩定及耐用性；抑制非預期之次反應，以及提高對燃料雜質或反應中一氧化碳副產物等汙染的耐受性。

▶▶ 5.7.2　白金觸媒的問題

PEM 隔膜的另一運作關鍵，則是鍍於隔膜兩面的薄層鉑(Platinum，Pt)觸媒，占電池組成本的四成。觸媒同時幫助來自燃料的氫與來自空氣的氧分子分解、解離、釋放或接受質子與電子，而發生氧化反應。在隔膜的氫氣側，氫分子（即兩個氫原子）必須連接於兩個緊鄰的觸媒部位，從而釋出帶正電的氫離子（即質子）穿透隔膜。氫離子與一個電子和氧配對時，氧氣側便發生複雜的反應，然後產生水。這個反應可能生成過氧化氫之類的有害副產物，進而損傷燃料電池元件，因此必須巧妙地予以控制。

鍍於隔膜兩面的鉑觸媒是地球上最貴的金屬，如何降低鉑的含量及尋找替代金屬，還要致力於提升觸媒活性，以較少的用量達到相同的輸出動力。不但要耐耗損，而且又能避免次反應汙染隔膜觸媒。3M 公司的研究人員最近成功提升了觸媒的活性，他們製作出具有奈米結構的隔膜，表面密布著細微的柱狀物，大幅增加了催化面積。其他研究工作著注重於鈷或鉻等替代非貴金屬，以及成分為嵌於多孔複合物結構中的微小顆粒的觸媒。

5.7.3 續航力的問題

在約 225 公里的高速公路上行駛兩小時，F-Cell(FCV)與典型內燃機引擎汽車之間最顯著的區別，便足以顯現出來。不到 90 分鐘，F-Cell 就會因耗盡燃料而在路肩動彈不得，而且很難找到加氫站補充燃料。F-Cell 和所有氫氣動力車系所攜帶的氫氣，均不足以滿足車主所期望的至少 480 公里的續航力。目前貯氫技術未達圓滿，實驗室裡的展示品，距離一套設計完善、價格合理、持久耐用又輕巧的貯氫系統，還有段不小的差距。即若燃料電池車貯氫系統及價錢能合理的解決，但加氫站的不普及，會使各城市先採用公共燃料電池車 F-Cell Bus。讓燃料電池 Bus 車繞著加氫站附近的路線試行。

5.8 其他替代或混合方案

混合動力車輛是使用兩種或以上能源的車輛，所使用的動力來源有：內燃機、電動機、電池、氫氣、燃料電池等的技術。目前的混合動力車多數以內燃機及電動機推動，能源則來自汽油及電池，此類混合動力車叫油電混合動力車(Hybrid Electric Vehicle，HEV)。多數油電混合動力車使用汽油，但消耗汽油較少，而加速表現卻較佳，被視為比普通由內燃引擎發動車輛較為環保的選擇。

燃料電池車(F-Cell，FCV)多會另加設可充電電池，以減低對燃料電池輸出功率的要求，及使燃料電池輸出功率保持穩定以保護燃料電池，這正就等於串聯混合動力系統，只是把由內燃機充作的發電機改為燃料電池，因此也屬於混合動力車的類別。

從家庭用電對電動汽車電池充電，稱為插電式動力汽車(Electric Vehicle，EV)，如果成功可以增進使用方便及降低碳排量。如表 5.13 表示各種新技術的車續航力的比較。因為電池的進步，由鉛酸電池、鎳鎘、鎳

氫到鋰電池，儲電技術也一直在進步中，插電式(EV)動力汽車也已追上 FCV。插電式(EV)動力汽車的加速性也遠遠超過汽油跑車。插電式動力汽機車充電慢，也可置換電站直接換已充飽的電池。因為鋰電池的穩定，逐漸變成新時代可靠的能源。

插電式動力汽車以特斯拉（英語：Tesla Inc.）最先進，曾經叫做特斯拉汽車，是記念物理學家尼古拉‧特斯拉(Nikola Tesla)。目前是美國最大的電動汽車及太陽能公司，產銷電動車，太陽能板及儲能設備。於 2003 年 7 月 1 日所創辦。第一輛車是以英國蓮花跑車為基礎的純電動跑車 Tesla Roadster，也是第一輛使用鋰離子電池的汽車，也是第一輛充電能行駛超過 350 公里的電動汽車。其跑車型號從 0 加速到 96 Km/h 只需 3.7 秒。

除純電動車外，特斯拉也為其他汽車公司的電動車提供電池等的零件。和松下合作，在美國建設鋰電池工廠(Giga Factory)以滿足自己的鋰電池需求，並降低鋰電池的成本。特斯拉給人類希望，但是目前出廠的車子已和一百多年傳統燃油引擎汽車的品質相差不多。鋰電池電動汽車車身下面是 450 公斤的鋰電池，一次充飽可跑 600 Km。充電分三種：在家使用 110V，電流是 5~10A，每小時可充 0.6~1.1 度，只可跑 5 公里；充電樁使用 220V，電流是 32~72 A，每小時可充 7.0~15.8 度，可跑 40~80 公里；超速充電樁使用 380V，電流是 32~72 A，每小時可充 100 度，可跑 130 公里。Proche 跑車使用超高速充電樁使用 800V，充電更快！鋰離子電池的汽車下面底盤全是電池，總重變成是汽油車的兩倍，為了增加下次充電間的里程，又增加鋰離子電池的總重量，不但電池的監控及管理電壓及溫度不易，車變重加速度也會變慢。

德國業者強調，不論是傳統的燃油引擎、天然氣、電動車或氫驅動的燃料電池車，每種科技都有優缺點，而且得考慮充電建設的限制。德國汽車工業是全方位的思考，認為每種動力來源將來都有機會，「光電動車不可能解決所有的交通問題，到了 2030 年，燃油車仍會在世界上多數國家扮演重要角色。」

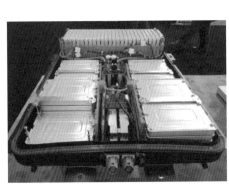

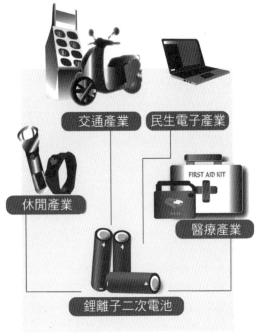

⊃ 圖 5.6　鋰電池電動汽車車身下面全　⊃ 圖 5.7　鋰電池的穩定，逐漸變成新時
是鋰電池　　　　　　　　　　　　　代可靠的能源

◆ 表 5.13　各種技術的車續航力比較

車種	EV	FCV(F-Cell)	HICEV	HEV
行駛距離或續航力	650km	350km	450km	450km
能量產生法	插電式充電	氫電化反應充電	燃燒液態氫	混合式充電

　　有些引擎設計容許使用多種燃料，稱為複合燃料引擎或彈性燃料引擎，這類車只有一個油箱內可混合多種燃料使用，如汽油、生物燃油、甲醇、乙醇等。再進一步，加設有儲存氣體燃料如天然氣或石油氣的裝置，同一車可以使用液體燃料及氣體燃料，但由於多了一個燃料容器，占去了多些空間，一些使用上不便又產生。

人力電力混合動力

　　一些以人力及其也動力的車輛，例如電動自行車（1/3~1/2 馬力）也是混合動力車的一種。混合動力自行車又稱作摩托化自行車，是在自行車（單車）上加上混合動力的設計，較先進的是使用電動機的設計，能使用再生制動及較寧靜。在較短途的行程中，混合動力自行車比油電混合動力車（150 馬力）廉得多，所需停泊位也較小，卻又比自行車省力、舒適。在美國、日本、俄羅斯及包括英國、德國、西班牙等多個歐洲國家都有法例規管及容許混合動力自行車的使用。在中國的城市也幾乎全是電動自行車的天下。

5.9 未來可能能源—甲烷水合物

　　甲烷氣水包合物(Methane clathrate)，也稱作甲烷水合物、甲烷冰、天然氣水合物或可燃冰，為固體形態的水於晶格（水合物）中包含甲烷。

　　甲烷氣水合物受限於淺層的岩石圈內（即<2000 公尺深）。一些必要條件下是在極地大陸的沉積岩，其表面溫度低於 0°C，大陸區域的蘊藏量已確定位在西伯利亞和阿拉斯加 800 公尺深的砂岩和泥岩床中。

　　水深超過 300 公尺，深層水溫大約 2°C 的海洋沉積物底下。海生型態的礦床似乎分布於整個大陸棚，且可能出現於沉積物的底下或是沉積物與海水接觸的表面。可能涵蓋更大量的氣態甲烷。

　　臺灣西南海域（高雄、臺南外海），水深大於 500 公尺，且富含有機質，正具備天然氣水合物生成的條件；而相關研究單位利用海底仿擬反射法，也測得該區極可能蘊藏著豐富的天然氣水合物。經初步概估，解離成天然氣的儲量約高達 5000 億立方公尺以上，預期可提供國人使用 65 年。

甲烷水合物帶給我們的希望是：

沉澱物生成的甲烷水合物含量是傳統天然氣量的 2~10 倍。這代表它是未來很有潛力的重要礦物燃料來源。但大多數的礦床地點很可能都過於分散而不利於經濟開採。

甲烷水合物帶給我們的災禍是：

全球暖化，會促使南北極永凍土及北半球濕地中的甲烷大量逸出。挪威大氣研究所在北極齊柏林監測站獲得的初步數據表明，大氣中的甲烷含量繼 2007 年增加了 0.6% 之後，2008 年再度增長 0.6%。

及時的將天然氣水合物開採出售，一方面可提供能源，燃燒後的二氧化碳比甲烷對大氣少 25 倍的溫室效應。一方面可將產生的二氧化碳封存在地層下，可謂是一石二鳥。反之，不去管它，因地球升溫海平面改變，災難性的天然氣水合物釋出，則甲烷溫室效應與海平面上升互相刺激，則人類將再一次接受浩劫洗禮。表 5.14 為甲烷水合物與傳統天然氣田的比較，甲烷水合物存在永凍層、陸源深海域、內陸海及深水湖，不論開採否對溫室氣體確實有影響。

◆ 表 5.14　甲烷水合物與傳統天然氣田

類型	甲烷水合物	傳統天然氣田
外觀	固態冰狀物	氣態看不見
成分	甲烷為主	甲烷－戊烷
成因	80%微生物作用 20%熱裂解	熱裂解為主
分布	永凍層、陸源深海域、內陸海及深水湖	分布不均
深度	淺（永凍層：地下 2000 公尺以內；海域：海床下 1100 公尺以內）	深（幾公里深）
規律性	待建立	可預測
岩石性質	砂岩、頁岩	砂岩
開發現況	研發中，為傳統天然氣田的 2~5 倍	技術成熟，60 年枯竭

試 題 ・・・・・・・・・・・・・・・・・・・・・・・ **Exercise** >>>>>>>

選擇題：

1. ( ) 大量使用酒精為汽車燃料改善空氣品質的國家是 (1)巴西 (2)美國 (3)英國 (4)德國 (5)瑞典。

2. ( ) 地熱發電占世界第一的國家是 (1)巴西 (2)美國 (3)英國 (4)德國 (5)瑞典。

3. ( ) 風力發電占世界第一的國家是 (1)巴西 (2)美國 (3)英國 (4)德國 (5)荷蘭。

4. ( ) 成本最低的太陽能發電是 (1)單矽晶 (2)多矽晶 (3)非晶矽 (4)薄膜製成的。

5. ( ) 臺灣沿海平均潮差為 (1)3.5 (2)4.2 (3)5.1 (4)2.6 公尺。

6. ( ) 潮差多少才達發電的經濟規模 (1)6 (2)4 (3)5 (4)7 公尺。

7. ( ) 插電式充電車(Electric Vehicle)的續航力 (1)150 (2)250 (3)350 (4)480 公里。

8. ( ) 規劃使用五年，80 人規模的熱水器以下列那一種最便宜 (1)電熱 (2)瓦斯熱 (3)鍋爐 (4)太陽能熱。

9. ( ) 若油電均不漲，80 人規模的太陽能熱水器，使用四年後共要花費 (1)96 萬 (2)84 萬 (3)67 萬 (4)59 萬。

10. ( ) 太陽能發電的原理是 (1)光合作用 (2)光電效應 (3)光的繞射 (4)光的反射。

11. ( ) 挪威的電力能源 CO_2 排放係數為零，對世界氣候的影響最少。是用 (1)風力 (2)水利 (3)核能 (4)太陽能發電。

12. (　) 氫氣燃料特色是　(1)燃料電池效率高　(2)低汙染　(3)燃燒完全　(4)產物可循環利用。

13. (　) 汽油中添加酒精的比例是多少時，使用汽油的汽車設備可以不用修改　(1)5%　(2)15%　(3)55%　(4)75%。

14. (　) 褐煤　(1)是千年以上的沼澤沉積可燃燒　(2)可食　(3)可當成園藝的培養土　(4)是一種很酸的植物泥碳蘚沉積很慢的沉積物　(5)最好將之保育勿亂使用　(6)以上皆是。

15. (　) 德國寶馬的 Hydrogen 7 是哪一種車？　(1)EV　(2)FCV(F-Cell)　(3)HICEV　(4)HEV。

問答題：

1. 臺灣推動替代能源，效果不彰，你覺得原因為何？

2. 太陽能發電的優點及缺點為什麼？如何把太陽能發電推廣至生活中？

3. 何謂甲烷水合物？在哪種狀況下存在？

4. 甲烷水合物是未來可能能源，它會帶給我們的是希望或是災禍，請說明之？

5. 甲烷水合物與傳統天然氣田有何不同？

請掃描 QR Code，下載習題解答

參考資料 | References

丁仁東《自然災害；自然大反撲》，五南圖書出版股份有限公司，2010 年 3 月。

工業技術研究院綠能與環境研究所
　　http://www.ftis.org.tw/cpe/download/eup/6_1.pdf

國家奈米元件實驗室《太陽能元件技術班講義》，97 年太陽能光電與半導體技術
　　人材養成訓練班，2008。

黃建中《生命週期衝擊評估之客觀權重方法》，台大環工所博士論文，2005。

臺灣環境管理協會《教育部能源教育通識師資培訓營講義》第一、二、三冊，2007。

德國環保之旅第八天《加了氫再上路》，2008 公視下課花路米影片。

環境品質文教基金會 http://www.envi.org.tw/home.aspx

謝欣倩《電動手工具機的生命週期評估》，中原大學環安中心報告。

Wiedmann, T. and J. Minx (2008). "A Definition of 'Carbon Footprint' ". Ecological
　　Economics Research Trends. C. C. Pertsova: Chapter 1, pp. 1-11. Nova Science
　　Publishers Inc.. Hauppauge NY, USA.

https://www.novapublishers.com/catalog/product_info.php?products_id=5999, also
　　available as ISA-UK Research Report 07/01 from
　　http://www.censa.org.uk/reports.html.

http://www.york.ac.uk/sei/projects/completed-projects/nhs-carbon-footprint/

http://www.york.ac.uk/media/sei/publications/Final%20Report-%20Meeting%20the%
　　20UK%20climate%20change%20challenge.pdf

http://www.whokilledtheelectriccar.com/

http://www.sonyclassics.com/whokilledtheelectriccar/electric.html

http://www.greenpeace.org/international/

http://www.greenpeace.org/china/ch/campaigns/stop-climate-change/greenpeace-work/public-activities/carfreeday/cycling-day

EPA (2001), "U.S. High GWP Gas Emissions 1990-2010: Inventories, Projections and Opportunities for Reductions".

Curran, M.A. et al., 1996, "Environmental Life Cycle Assessment". McGraw-Hill. New York, USA.

CHAPTER 06

環境保育與永續發展

LIVING
TECHNOLOGY

6.1 工業及汙染

　　化學工業給了我們豐足的生活，又間接支持了其他產業，讓我們變成了千里眼、順風耳，比孫悟空還飛得快。現代人一週所行，甚至比百年前一輩子所經歷之路都多。但是現代人製造的汙染也千百倍於從前。

　　化學工業及材料科技的加速發展，給人類帶來更多便利與舒適。化學工程師及材料科學家的努力研發，可預期的，陸陸續續將有更新，更具智慧型的新材料發展出來。然而，材料是地球資源的一部分，在材料使用週期結束後，是否可再利用，而不至於汙染環境，浪費資源，也是材料設計開發不可忽視的重要因素。例如我們現在常用的寶特瓶及保麗龍等高分子器皿，大量地使用，的確給我們帶來許多便利，但這些材料，使用後何去何從，將更是令人頭痛的問題。因此，環境保護及資源回收的考量將刺激研究的課題。而完整的使用回收，更會是未來材料選擇的重要考量。

　　熱塑性塑膠隨溫度的升高而熔化，過程中沒有進行化學變化，隨溫度的降低而凝固，可藉由不斷升溫降溫改變其型態。所以可以回收。表 6.1 為各種熱塑性塑膠材質回收編號。

◆ 表 6.1　回收塑膠材質編號

△1	聚乙烯對苯二甲酸酯(polyethylene Terephthalate，PET)，俗稱寶特瓶
△2	高密度聚乙烯(High Density polyethylene，HDPE，PE)
△3	聚氯乙烯(polyvinyl chloride，PVC)
△4	低密度聚乙烯(Low Density polyethylene，LDPE，PE)
△5	聚丙烯(polypropylene，PP)
△6	聚苯乙烯(polystyrene，PS)，若是發泡聚苯乙烯即為俗稱之「保麗龍」
△7	其他類(OTHERS)，如聚碳酸酯 PC(Polycarbonate)

6.2 環境荷爾蒙汙染

據目前統計化學工業製造出約 70 種疑似環境荷爾蒙化學物質。荷爾蒙是由動物內分泌系統(Endocrine System)所產生的化學物質。這些化學物質只要極微小的濃度，就能夠調節動物的各種生理與生化功能。「環境荷爾蒙」(Environmental Hormones)可怕之處，在於這些化學物質於環境中微量存在，對人類的影響卻非常深遠，且在人類文明生活中，又無所不在，其結果終將威脅到人類族群之存亡，禍延子孫。現代人的一些文明病，諸如：久婚不育，男子精液減少，精蟲密度降低，性無能，男性女性化，免疫系統失調，癌症好發，可能均與環境荷爾蒙化學物質有關係。又環境荷爾蒙化學汙染物經由母乳傳給下一代，致嬰兒產生學習障礙。第 3 章所介紹的化學性防曬乳，發現有 6 種具有乳癌細胞增殖、子宮肥大與抗雄激素等作用。

環境荷爾蒙概略加以分類如下：

1. 殺蟲劑或其代謝中間產物：此類化學物質計有 26 種，主要包括國內已經用或未允許使用的有機氯殺蟲劑農藥，如滴滴涕(DDT，Dichloro-Diphenyl-Trichloroethane)，蟲必死(BHC，Benzene Hexachloride $C_6H_6Cl_6$)等。

2. 除草劑：計有 9 種，均依農藥管理法管制。

3. 殺菌劑：有 9 種依農藥管理法管理。

4. 塑膠之塑化劑：有 9 種。如鄰苯二甲酸二（2-乙基己基）酯(DEHP)，及鄰苯二甲酸二辛酯(DOP，Dioctyl Phthalate)，此兩類物質在工業上廣泛使用在聚氯乙烯(PVC)、聚丙烯(PP)及聚乙烯(PE)的生產，也可做為可塑劑、塑化劑等用途之上。日常生活中的塑膠產品、管線、電線、汽車等產品等都含有。國內業者使用 DEHP 添加於製造各項塑膠用品，使用 DOP 做為聚氯乙烯、氯乙烯共聚物及纖維素樹脂等的塑膠加工。

我國家庭垃圾更有 30%以上屬於塑膠廢棄物。塑膠成型時所使用的塑化劑，多具有環境荷爾蒙的效應，因此塑膠的餐具、冷凍食品包裝、食品保鮮膜、注射筒、玩具，甚至油漆、橡膠管、塑膠袋、血袋、印表機的墨水、殺蟲劑、化妝品、真空泵油，及用來測試空氣的過濾系統都含有。食品中的塑化劑除從包裝中溶出（特別是微波加熱食品）。臺灣在 2011 年發現健康飲料中驗出有一半的「起雲劑」，是用如鄰苯二甲酸二（2-乙基己基）酯(DEHP)來替代。後來更發現「果汁飲料」、「茶飲料」、「果醬、果漿或果凍」及「膠狀粉狀之劑型」等共 5 大類也有。且指甲油、香料、化粧品、保養品或衛浴用品中的定香劑都離不開 DEHP；以及用於藥品與保健食品的膜衣、膠囊、懸浮液等也都有 DEHP，一時重傷臺灣製(Made in Taiwan)的形象。

5. 醫藥、化工原料合成之中間產品：計有 6 種，多在化學工廠內使用。

6. 有機氯化物之汙染副產品或香菸煙中之芳香族化合物：計有 3 種，其中以戴奧辛(Dioxins)、呋喃(Furans)廣布於空氣、土壤、底泥、甚至於食品、乳製品中最為令人憂心。

7. 熱媒及防火材料：有 2 種，其中以多氯聯苯(PCBs，Polychlorinated Biphenyls)最惡名昭彰，雖已禁用多年，但在環境介質中，仍時常檢出。

8. 界面活性劑之代謝分解中間產物：非離子界面活性劑廣用於各種民生日用清潔劑、乳化劑中，其代謝分解物在臺灣溪流水中，曾多次檢測出。文獻報告，此等化物具有生物轉移，生物濃縮現象，亟待全面調查。現在盛囂塵上的壬 基苯酚(Nonylphenol，NP)，及雙酚 A（Bisphenol A，簡稱 BPA）即屬於此類化學物質。雙酚 A 是聚碳酸酯(Polycarbonate，PC)的原料，聚碳酸酯是製造奶瓶、安全玻璃及飲料瓶、水瓶的原料，更是罐頭的內層防止生鏽的塗裝材料，像是紙杯內壁塗料，ATM 收據等感熱紙也是，與人的關係更親密。加拿大政府已於 2011 年正式公告雙酚 A 是毒性物質。BPA Free 如圖是表示原料中不含雙酚 A。

9. 有機錫。

10. 畜牧業經常使用於雞、豬、牛...等動物身上的生長激素，或其他促進生長的化學藥品。

11. 重金屬：計鉛、鎘、汞三種，亦列為內分泌干擾之疑似物質。

　　界面活性劑有肥皂、洗衣劑、柔軟精、消毒劑等，有一些是環境荷爾蒙。

◆ 表 6.2　界面活性劑種類及用途

分類	系列	活性劑種類	主要用途
陰離子類	脂肪酸類	脂肪酸鈉（純皂成分）	洗面皂、肥皂、沐浴乳、洗髮精、洗衣劑、廚廁清潔劑、地板清潔劑、牙膏
	直鏈烷苯類	直鏈烷(LAS)	
	側鏈烷苯類	側鏈烷(ABS)	
	高級酒精類	烷基硫酸脂鈉(AS) 烷基醚硫酸脂鈉(AES)	
陽離子類	含 $N^+(CH_3)_3Cl^-$基	帶肥皂相反電荷	柔軟劑、潤絲精
非離子類	壬基苯酚	壬基苯酚 (Nonylphenol, NP)	洗衣劑、廚房清潔劑、乳化劑
	高級酒精類	聚氧乙烯烷基醚(AE)	
	烷基酚	聚氧乙烯烷基酚醚	
	含 $N^+(CH_3)_3$ CH_3COO^-基	在水中同時生成含陽離子及陰離子	
兩性類			工業用清潔劑

　　壬基苯酚(Nonylphenol，NP)這個在國內的河川中流布廣泛的化學物質，證實 NP 進入體內，會減少男性精子數量。而市售非離子界面活性劑的清潔劑中，80%含有壬基苯酚聚乙氧基醇類(4-nonylphenol polyethoxylates，NPnEO)成分。NP 不是天然存在環境中，而是以 NPnEO

型態隨清潔劑，排放到河川後，經水中微生物分解產生。NP 的結構與動物雌激素結構相似，進入雄性動物後，影響內分泌，產生「假性荷爾蒙作用(Pseudo-hormonal Effect)」，使雄性動物雌性化。目前臺灣 NPnEO 年產量約六萬六千多公噸，半數以上出口，其他則供國內民生與工業清潔劑使用。因臺灣廢水妥善處理率低，民生與工業廢水未經處理直接排放至河流，造成環境衝擊嚴重。

6.3 空氣汙染

空氣汙染指標(Pollutant standards Index，PSI)的定義為依據監測資料將當日空氣中懸浮微粒(PM10)測值、二氧化硫(SO_2)濃度、二氧化氮(NO_2)濃度、一氧化碳(CO)濃度及臭氧(O_3)濃度等共五種數值，以其對人體健康的影響程度各換算出該汙染物之汙染副指標值，再以當日各副指標值之最大值為該監測站當日之空氣汙染指標值，此即所謂之 PSI 值。汙染物濃度與汙染副指標值對照表如表 6.3 所示。

懸浮微粒(PM10)係指粒徑在 10 微米以下之粒子，又稱浮游塵。主要來源包括道路揚塵、車輛排放廢氣、露天燃燒、營建施工及農地耕作等或由空氣汙染物轉化成之二次汙染物，由於粒徑小於 10 微米以下，能深入人體肺部深處，如該粒子附著其他汙染物，將加深對呼吸系統之危害。懸浮微粒總量($> 350\mu g/m^3$)可使支氣管炎病人症狀加劇，不同性質的微粒亦可造成不同的疾病。

◆ 表 6.3　汙染物濃度與汙染副指標值對照表

PSI 值	PM10：24 小時平均值	SO₂：24 小時平均值	CO：8 小時平均之最大值	O₃：小時之最大值	NO₂：小時之最大值
	單位：μg/m³	單位：ppb	單位：ppm	單位：ppb	單位：ppb
50	50	30	4.5	60	－
100	150	140	9	120	－
200	350	300	15	200	600
300	420	600	30	400	1200
400	500	800	40	500	1600
500	600	1000	50	600	2000

　　有二氧化硫臭味時就要停止運動。一氧化碳進入人體會與血紅素結合成碳氧血紅素，使血紅素失去運送氧的功能而造成細胞缺氧而引發種種症狀，如濃度達 28 ppm 時血中碳氧血紅素約達 4.0％會使交通警察頭痛，正常人及慢性阻塞性肺病者運動能力降低，當濃度達 50 ppm 時血中碳氧血紅素可高達 40~80％而使人昏迷而死亡。每年臺灣冬天因洗澡，一氧化碳排放不佳中毒死者約 600 人。未燃燒完成的碳氫化物經陽光照射會形成醛、酮及酸二次汙染物；二氧化氮(NO₂)經陽光照射加上碳氫化物、醛、酮會形成過氧硝基乙醯，簡稱光化學煙霧 PAN(CH₃COOONO₂，PAN)，乾暖的陽光下最易生成 PAN。臭氧在地球表面是汙染物，與光化學煙霧的味道類似，會讓人咳嗽、流淚及呼吸困難；但在平流層的臭氧卻能阻隔紫外線，減低陽光照造成的皮膚病變。臭氧濃度達 150ppb 會使學童肺功能受損，氣喘病人更易發作，而某些敏感者會胸部不適，易咳、易喘，當濃度達 250 ppm 時氣喘嚴重度增加。臺灣衛教學會會提供即時的過敏及汙染指數預報(http://www.asthma-edu.org.tw/asthma/)，依氣象局提供之溫度、相對濕度、懸浮微粒，來判斷氣喘指數。當室內外溫度差大於 7℃、相對濕

度高過 71%、懸浮微粒超過 100，便進入易氣喘的紅燈區。到時要準備支氣管擴充劑，緊急時要送醫。

　　由於空氣汙染指標主要是根據汙染物對人體的可能危害來訂，我們就必須對各種不同汙染物對人體的作用有所瞭解，才能對環保署所公布之 PSI 值作出較適當的反應。簡單來說，二氧化硫、二氧化氮和臭氧主要對呼吸系統造成不良影響，刺激呼吸道，促使肺功能降低，因此對慢性肺疾病如氣喘、慢性支氣管炎、肺氣腫之病友有害，而心臟病者也會因肺功能的降低而受影響。至於一氧化碳因其影響人體血液氧的輸送能力，因而間接傷害心臟病者，貧血及老年人中風之病友。至於懸浮微粒的危害則與其成分及大小有關，$10\mu m$ 以下的顆粒才會被吸入下呼吸道直達肺泡而造成傷害，由柴油車所排出廢氣中所含懸浮微粒可能致癌，有鉛（高級）汽油燃燒所產生之微粒則含氧化鉛，可能造成貧血，損害神經細胞及腎臟和生殖系統。早期的汽機車使用二行程有鉛汽油，像是偉士牌(Vespa)機車使用有鉛有機油的汽油。接著的機車使用高級汽油，有鉛沒有機油；現在使用 92 或 95 無鉛汽油，沒有鉛也沒有機油。所以要是騎舊式的偉士牌(Vespa)機車，必須由 92 或 95 無鉛汽油中加入代鉛劑及機油。

　　總而言之，有慢性肺疾病、心臟病、貧血、老年人、中風的病友，在 PSI 值二百以上時即應減少戶外活動，盡量在室內活動，室內如有空氣過濾器則更佳。由表 6.4　PSI 值對健康影響知正常人則在 PSI 值一百以上時亦應減少室外活動。

◆ 表 6.4　PSI 值對健康影響

對健康影響	良好	普通	不良	非常不良	有害
PSI 值	0~5	51~100	101~199	200~299	300 以上
Related to human health	Good	Common	No good	Harmful	Hazardous
代表圖					

6.4 水汙染

　　水中的汙染物通常可分為三大類，即生物性、物理性和化學性汙染物。生物性汙染物包括細菌、病毒和寄生蟲。到目前為止，有關致病細菌和寄生蟲的研究較多，且已有較好的滅菌方法。但對致病病毒的研究尚不夠充分，也沒有公認的病毒滅菌要求標準。

　　已知 H5N1 禽流感(Avian Influenza，Bird Flu)的病毒對人是高病毒性的，目前全世界有 328 人感染，死了 200 個，致死率是 61%。早期徵狀和流感相似，主要為發高燒、流鼻水、鼻塞、咳嗽、喉嚨痛、全身不適，部分患者會有噁心、腹痛、腹瀉、稀水樣便等消化道症狀，有些患者有眼結膜炎，體溫大多持續在 39 度以上。一般要避免接觸禽鳥糞便、乾糞便及乾掉後隨灰塵揚起的病毒灰。2012 年 3 月臺灣暴發了對雞高病毒性(H5N2)的禽流感傳染，雖然隱密病情已一段時間，但還好沒有人傳人的例子。2015年 3 月臺灣又發生了對鵝高病毒性(H5N2)的禽流感傳染，當月幾乎將所有的鵝撲殺完畢，我們只要個人將雞蛋、鵝肉煮熟才進食，以燙水清洗有關的刀具及切肉板，才可減少感染禽流感的機率。一般病毒的名稱、致病特徵及媒介可由表 6.5 參考。

　　目前已知有效防蚊液成分中必含 DEET，待乙妥 (DEET; N,N-diethyl-m-toluamide) 防蚊液屬於類神經毒，對於蚊子驅趕有直接效果，隨著濃度的增強也有直接明顯的延時效果，廣泛使用於園藝工作者與軍方人員，用於在不同惡劣環境中的主要驅蚊用品。對於一般的成人健康無虞。在部分國家建議嬰兒、孕婦、哺乳期的婦女不要使用。如此，天然植物精油的防蚊液成為另外選擇，但精油的效果差、延時短不穩定。

　　臺灣約有 25%成年人感染 B-型肝炎，約有 2.5%成年人感染 C-型肝炎，高雄市梓官區蚵仔寮漁港附近的居民是 C-型肝炎的高感染族群。在臺灣 C-型肝炎感染盛行率較高的族群是血友病患及靜脈毒癮者，以及洗腎病患。臺灣洗腎病患經由洗腎感染 C 肝比率是一般民眾的 10 倍。

　　減少 B-型肝炎，必須減少感染，不與人共用牙刷、刮鬍刀、牙科器材、刺青及其他有血液交換或破皮的動作。20 歲以上的人已經過了疫苗變抗體的有效期，若沒有 B-型肝炎抗體的人要重新注射疫苗。接種 B-型肝疫苗為三劑肌肉注射，第一劑與第二劑相隔 1 個月，第二劑與第三劑相隔 5 個月，在施打 3 劑後的保護力可以持續至少 15 年。B 肝病毒會垂直傳染給嬰兒，所以病毒會潛伏在母體內不讓女性死亡。男性最後不免會變成肝硬化、肝癌而亡。

◆ 表 6.5　一般病毒名稱、致病特徵及媒介的分類

病毒名稱	致病特徵	媒介
流行性感冒；豬流感(H1N1)、禽流感(H5N1),(H5N2)	呼吸道感染，發燒	飛沫，接觸，禽鳥，豬
SARS(Severe Acute Respiratory Syndrome)冠狀病毒	瀰漫性肺炎，呼吸衰竭，發燒	飛沫，接觸，果子貍
MERS 中東呼吸症候群冠狀病毒感染症	瀰漫性肺炎，呼吸衰竭，發燒	駱駝的飛沫、奶或分泌物
新型冠狀病毒(COVID-19)	嚴重瀰慢性肺炎，發燒，多重器官衰竭	飛沫，接觸，蝙蝠
EBV(Epstein-Barr virus)	鼻咽癌	
疣瘤病毒	子宮頸癌	性
AIDS(Acquired Immune Deficiency Syndrome)	免疫力缺乏產生任何病	性，猴子
登革熱（天狗熱、斷骨熱）	高燒、骨頭痠痛、不同型的重複感染會內出血	埃及斑蚊、白線斑蚊
尼帕病毒		蝙蝠
腸病毒 71 型		接觸

◆ 表 6.5 　一般病毒名稱、致病特徵及媒介的分類（續）

病毒名稱	致病特徵	媒介
漢他病毒	發燒	老鼠
狂牛症	腦糜爛	牛肉及腦
狂犬病		瘋狗
A-型肝炎	猛暴性肝炎	汙染的食物、飲水及容器
B-型肝炎	肝癌	性、輸血、紋身
C-型肝炎	肝癌	性、輸血、紋身

　　已隨著臺灣公共衛生的進步 A-型肝炎而逐漸被遺忘。但近年來，隨著國人旅遊風氣盛行與外食族增加，感染人數有漸漸上升的趨勢。臺灣地區之急性 A-型肝炎之確定病例發生 25~34 歲年齡層最多，潛伏期長度為 15~60 天。國內 50 歲以上年齡層大約 80％體內有 A 肝抗體。據統計，僅次於 B 型，A-型肝炎是過去幾年來臺灣急性肝炎發生率的第二名。A-型肝炎主要藉由被病毒汙染的食物及飲水傳染。煮熟的食物裝於被汙染的容器內也有可能。急性 A-型肝炎感染的症狀包括發燒、上吐下瀉、黃疸等等，通常會自然痊癒不留下後遺症。原有慢性肝臟疾病的老年人會因猛暴性肝炎而有 0.5％的死亡率。小於 6 歲的兒童症狀輕微；6 歲以上的患者超過七成會產生黃疸症狀。

　　開發中國家的多數居民在小時候就已感染過 A-型肝炎，並產生終生免疫力。但已開發國家的人民多數未曾感染，因此感染者的年齡平均較大且症狀也較嚴重。臺灣的情形也是如此，根據研究，臺灣 20 歲以下年輕人族群中有九成以上沒有 A-型肝炎保護力，因此有機會爆發較大規模流行。

　　如何預防 A-型肝炎？首先要注意飲食衛生，避免生食、留意食品及容器的清潔。但現在外食機會增加，有時防不勝防。所幸現在我們有疫苗

的選擇。A-型肝炎疫苗是不活化病毒疫苗，可與其他疫苗同時接種。第一劑與第二劑間隔 6~12 個月。2~6 歲山地原住民幼童免費接種，一般民眾確認有否抗體的測試也是免費。第一劑 1,500 元以上，二劑共 3,000 元以上。兒童及青少年的保護力是 14~20 年，於成人可長達 25 年。即將前往 A-型肝炎流行的南美、東南亞、非洲地區者、慢性肝臟疾病者。易傳染或汙染別人的醫護工作者、處理食物或餐飲業相關人員會常被要求接種。

物理性汙染物包括懸浮物、熱汙染和放射性汙染。其中放射性汙染危害最大，但一般存在於局部地區，但是 2011 年 3 月 11 日大地震及海嘯，重創仙台的核電廠，造成嚴重的、全面性的核汙染。化學性汙染物包括有機和無機化合物。隨著痕量分析技術的發展，至今從源水中檢出的化學性汙染物已達 2,500 種以上。

人為產生的汙染要複雜的多，其中工業由於採礦和生產製造，排出含有毒的重金屬或難分解的化學物質，農業使用的農藥和化肥，這些物質流入水體都會迅速殺死所有水生生物，並且使水體無法恢復正常狀態。如果濃度低，也會逐漸在生物體內積累，造成生態無法彌補的損失。如日本發生的水俁病事件，就是工業排出的低濃度汞，在水中微生物作用下轉化成可溶性甲基汞，逐漸在水蟲體內積累，魚吃水蟲後甲基汞在魚體內逐漸積累，人吃魚後在人體內積累，積累到一定濃度，人就開始發病，而且無法治癒。滴滴涕農藥也是先在魚體內積累，水鳥吃了魚後也在體內積累，即使還不到發病濃度，但鳥產下的蛋變成軟殼，無法孵化。據說美國國鳥白頭海鵰瀕臨滅絕的原因就在於此，白頭海雕主要以魚為食。

除了工農業汙染物外，隨著人口增加，人類生活用水也增加了排放量，如洗澡、廚房、廁所等，這類水雖然不含有毒物質，但含有大量含氮、磷的植物營養物質，促使水中藻類迅速超常地繁殖並吸收溶解氧，同時大分子的有機物被微生物分解也消耗水中的溶解氧，因此造成水體成為缺氧狀態，藻類死亡還產生有毒物質，致使水中魚類大量死亡。在海水中一般迅速繁殖的藻類是紅色的，因此叫「紅潮」，在淡水中的藻類可能有各種顏色，所以叫「水華」。水體出現赤或紅潮和水華都表明是汙染狀態。

　　目前地球表面雖然有 70%是被水覆蓋，但人類可利用的淡水資源不足 1%，淡水資源又是經常被人類活動汙染的對象，被汙染的水體要想恢復是非常困難的，因此進行水汙染控制是非常必要和迫切的，需要全球合作進行。

　　廢水品質指標：在自然的水路或是工業廢水中任何可氧化的材料都可以被生化（如細菌）或是化學的方式所氧化。這樣會導致水中的含氧量降低。基本上，生化氧化作用的反應式可寫作：

　　可氧化的材料＋細菌＋營養素＋O_2→CO_2＋H_2O＋已氧化的無機物如 NO_3^{-1} 或 SO_4^{-2}

　　為了還原像硫化物和亞硝酸鹽等化學物質而造成的氧消耗量可以由下列表示：

$$S^{-2} + 2O_2 \rightarrow SO_4^{-2}$$

$$NO_2^- + 1/2O_2 \rightarrow NO_3^-$$

　　因為所有自然水路都包含細菌跟營養素，所以幾乎任何引入這樣的水路的廢化合物都會產生如同上面所述的生化反應。這些生化反應創造了一個可以在實驗室中量測的生化需氧量(BOD)。

　　被引入自然水路中的可氧化之化學物質（如還原物）也會同樣的產生如同上面所述的化學反應。這些化學反應創造了一個可以在實驗室中量測的化學需氧量(COD)。

　　生化需氧量與化學需氧量兩種測試都是廢水汙染物的相對缺氧作用的量測。此二者皆廣泛應用在汙染作用的量測上。生化需氧量測試用來量測可生物降解(biodegradation)的汙染物需氧量，而化學需氧量測試則是用來量測可生物降解的汙染物需氧量加上不可生物降解卻可氧化的汙染物需氧量之總需氧量。

　　所謂的「五日生化需氧量」(5-day BOD，BOD_5)20°C 下，五天的期間廢水汙染物的生化氧化作用的總耗氧量。

一、汙水排放

汙水可以在未經處理或是僅少量處理的情形下，直接流進主要的流域之中。在沒有處理的情形下，汙水會對環境的品質與人類的健康產生重大的影響。病原體會導致各種各樣的病症。一些化學物質即使在低濃度的情形下也會具有風險，而且在長時間下因為動物體或是人體的生物累積(Bioaccumulation)，它們會持續保持威脅性。

二、水汙染的治理

在清理廢水上，根據類型和汙染的程度，有許多方法可以使用。大多數的廢水可以在工業規模的廢水處理場(Waste Water Treatment Plants，WWTPs)中處理，其中會使用包括物理式、化學式還有生物式的處理程序。表 6.6 表示工廠廢水中各種成分之最高容許量(ppm)。

◆ 表 6.6　工廠廢水中各種成分之最高容許量(ppm)

pH	BOD$_5$	溶存氧氣	氨性氮	酚、甲酚	氰化物	油類	砷酸	銅
5.6～8.3	5	4 以上	2	15	2	50	50	10

化糞池與其他汙水就地處理設施(On-Site Sewage Facility，OSSF)普遍在鄉下地區被廣為使用，這其中包括了美國四分之一以上的家庭。由表 6.7 世界各國衛生（汙水）下水道普及率（接管率），知道臺灣的接管率更是世界倒數，家庭汙水的汙染令河川永遠無法清澈，除 BOD 高，大腸桿菌多，環境荷爾蒙汙染也可怕，重金屬的生物累積也高。汙水處理設施最重要的好氧性處理系統是活性汙泥法，這個方法必須維持並再循環可以減少廢水中有機物的微生物總量。厭氧性的處理方法廣泛的被應用在工業廢水與生物汙泥的處理上。一些廢水可以高度淨化過後而回收成為中水。生態學取向的廢水處理方式，像是使用蘆葦床處理系統的人工溼地(constructed wetland)是可能可以採取的方式。但是溼地或水塘必須有魚類生存，以吞食蚊蟲的幼苗、子孓，避免滋生蚊蟲的疾病。

簡單的水質分類等級與河中的指標生物的關係由表 6.8 可知。

◆ 表 6.7　世界各國衛生（汙水）下水道普及率（接管率）

國家	衛生（汙水）下水道普及率（接管率）
荷蘭	95%以上
德國、加拿大	92%左右
英國	89%
馬來西亞	85%
美國	74%
日	70%
韓國、菲律	42%
印尼	40%
中國民國臺灣地區	10.7%
臺北市	63.7%
高雄市	27.8%
臺灣省	1.5%

◆ 表 6.8　水質分類等級，特性與指標生物

項目	未受汙染	輕度汙染	中度汙染	嚴重汙染
水的顏色	清澈	有點汙染	汙濁骯髒	深黑色非常髒
味道	沒有臭味	沒有臭味	有臭味	非常臭
溶氧量 (ppm)	6.5 以上	4.6~6.5	2.0~4.5	2.0 以下
細菌數	100 個／毫升以下（非常少）	10 萬個／毫升以下（少）	10 萬個／毫升以上（多）	100 萬個／毫升以上（非常多）
指標生物	澤蟹、石蠅、石蠶、扁蜉蝣	駝蜻蛉、縞石蠶、扁泥蟲、雙尾小蜉蝣	翻轉螺、蛭類、水蟲	紅蟲、蟶蚯類、管尾蟲

6.5 海洋汙染

太平洋垃圾板塊或稱「垃圾渦流」，以夏威夷群島為中心，分為東、西兩大塊。船要走約 7 天才能走完這塊汙染的海面。垃圾海呈半透明狀，而且位置就在水面底下，以至於人造衛星拍攝不到，只能由船舷往外才能看到。

6.6 溫室氣體與國際公約

全世界都知道環境保護的重要，一些國際公約的簽定及內容如表 6.9 所示。

◆ 表 6.9 國際環境保護公約主題與內容

公約	主題	主要內容
華盛頓公約	瀕臨絕種野生動植物國際交易公約。	目的為限制各國進行野生動植物交易，以保護瀕臨絕種的野生動植物。
拉姆薩爾條約 1975	特殊水鳥棲息地國際重要濕地條約。	重視特殊水鳥，加強濕地及動植物保育。
聯合國海洋法條約 1982		將對人類和生物資源有害、對海洋活動產生障礙、以及汙染海洋的物質畫分成六類，均有規定制約。
環保正開發世界委員會 1987	東京宣言：永續的開發應作為國家政策及國際合作的最優先課題。	改革國際經濟關係。強化國際合作。

◆ 表 6.9　國際環境保護公約主題與內容（續）

公約	主題	主要內容
蒙特婁破壞物質管制議定書 1987	控制氟氯碳化物 (CFCs)排放量，明定 CFCs 和海龐的削減時程。	1994 年 1 月全面禁止生產海龍。 1996 年 1 月 1 日起，除了部份開發中國家，全面禁用 CFCs。
索非亞協定 1988	抑制氮氧化物排出及越境移動之 1979 年長距離越境大氣汙染條約協定。	至 1994 年止，氮氧化物的排出量要凍結在 1987 年的排出量。 新式設施和汽車必須符合排氣標準。 各國應供給充分的無鉛汽油。
巴塞爾條約 (BASEL)1989	規範有害廢棄物跨國運途之協定。	確保各國免於有害廢棄物的傾運，妥善處理及減少廢棄物的產生。
森林原則 1992	對所有類型森林的管理、養護如可持續開發作成全球協商。	強調原住民權利與生物保育的重要性 建議各國評估森林開發對經濟的影響，採取低損害的措施。
里約宣言 1992(FCCC)	各國有責任確保境內活動不會損及他國的環境。	達成尊重各國利益又能保護全球環境與發展體系的完整國際協定。(The Framework Convention on Climate Change，FCCC)
氣候變化綱要公約(FCCC)	管制二氧化碳排放。	將 2000 年排放量抑制在 1990 年的水準。將 2005 年排放量抑制在 1990 年的80%。
生物多樣化公約 1992	保護瀕臨絕種動植物。	各簽署國需整理列出境內植物及野生動物清單。訂定瀕臨絕種動物保護計畫。

◆ 表 6.9 國際環境保護公約主題與內容（續）

公約	主題	主要內容
京都氣候變化綱要公約(FCCC)	管制氣體：CO_2、CH_4、N_2O、HFCs、PFCs、SF_6 氣體，減量可採 1990 或 1995 為基準年。	溫室氣體濃度 2007~2012 五年內平均削減 5.2%之減量目標。
哥本哈根議定書 2009 年 12 月 7 日；第 15 次締約國大會(FCCC)	中國、印度、巴西、南非和 77 國集團堅持《京都議定書》繼續有效，要求已開發國家承擔第二期減排指標，並應考慮落後國家、島嶼國和非洲國家在應對氣候變化方面的特殊需求。	工業化國家承諾，到 2020 年整體相對於 1990 年排放水平將減排 5%到 17%。距離 IPCC 第四次評估報告要至少減排 25~40%的目標有大差距，不足控制溫升在「攝氏 2 度」以內。 發展中國家採取可測量、可報告和可核查的減緩行動。發達國家提供資金、技術幫助發展中國家適應氣候變化，減少溫室氣體排放，減少毀林。
巴黎協議：氣候變化框架公約 2015 年 12 月 12 日	法國首都巴黎近郊的勒布爾熱舉行，為期 13 天。簡稱「COP 21」或「CMP 11」，聯合國 195 個締約國一致同意通過。	把全球平均氣溫升幅控制在工業化前水平以上低於 1.5℃之內，同時認識到這將大大減少氣候變化的風險和影響。提高適應氣候變化不利影響的能力並以不威脅糧食生產的方式增強氣候抗禦力和溫室氣體低排放發展。

　　其中氣候變化綱要公約是目前最重要及迫切的。聯合國氣候變化綱要公約(UNFCCC)於 1992 年在地球高峰會中，由 155 個會員國簽署通過，其共同目標在使大氣中溫室氣體濃度穩定在防止氣候系統受到危險的人為干擾水準之上，為使有效控制溫室氣體濃度，在 1997 年第三次締約國大

會中簽署通過具有法律效用之《京都議定書》，除訂定各國之減量責任，更期望藉由共同執行、清潔發展與排放交易等彈性機制，來達成全球溫室氣體 2008~2012 年，五年內平均削減 5.2%之減量目標。

溫室氣體(GreenHouse Gases，GHG)係指特定氣體易吸收來自太陽熱能經由地球反射之長波輻射，使得大氣層內的溫度不易散出，便如同溫室一般持續加溫，此一現象稱之為溫室效應(GreenHouse Effects)。科學家證實發現，人類的工業活動大量使用化石燃料（如煤、石油）與特殊氣體，因而產生大量溫室氣體排放，若不能有效控管溫室氣體排放，全球溫度將持續上升，並造成氣候異常、海平面上升等衝擊，改變原本平衡的生態系統與自然界各種循環，因此，必須有效控管溫室氣體之排放，才能避免溫室效應對人類生存所造成的衝擊。

因應 2005 年 2 月《京都議定書》之生效，國際標準組織(ISO)亦於 2006年 3 月正式發布 ISO 14064 系列標準，該標準為三部分，分別訂定溫室氣體管制中，盤查、減量與查證工作之相關規範，藉由建立明確可驗證的規定，協助組織或減量計畫，得以提出一致且完整的溫室氣體排放報告。經濟部標準檢驗局(CNS)亦採用 ISO 14064，制定 CNS 14064 系列標準，以利國內推動溫室氣體盤查、減量與查證之進行。

溫室氣體方案(GHG Programme)乃自願或強制性之溫室氣體排放量登錄、計算與減量推動活動，例如英國標準局(British Standard Institute，BSI)提出的(Publicly Available Specification，PAS 2050)、歐洲交易體系(EU ETS)與加州溫室氣體登錄(CCAR)等較為複雜的減量機制，其他如世界半導體協會(WSC)倡議協會會員推動溫室氣體全氟化物(PFCs)排放減量。經濟部產業溫室氣體減量辦公室(TIGO)與 2004 年與鋼鐵業、石化業、人纖業、水泥業、造紙業及紡織染整業等 6 個產業完成簽署自願減量協議。

2009 年 12 月 7 日的哥本哈根會議，12 月 19 日在哥本哈根終於落下了帷幕。作為世界有史以來規模空前的一次氣候談判，來自世界 192 個國家和地區的政府、國際組織、非政府組織、學術團體和企業界的近 4 萬名代表，包括 119 位國家首腦出席了此次大會。《哥本哈根協議》維護了《聯

合國氣候變化框架公約》及其《京都議定書》確立的「共同但有區別的責任」原則，同時就發達國家實行強制減排和發展中國家採取自主減緩行動作出了安排，並就全球長期目標、資金和技術支持、透明度等焦點問題達成廣泛共識。哥本哈根之後的談判將集中在溫升 2 度目標與減排幅度的關聯，已發展國家中期減排目標的量化明確，發展中國家「適當的減緩行動」的具體化、測量、報告和核查的技術細節與安排等。

天然的溫室氣體有水蒸氣 $H_2O(g)$、CO_2、CH_4、O_3、N_2O 等，因為這些氣體貢獻，捕捉反射的太陽光，溫室效應讓地球平均值為 $20°C$，而非 $-36°C$。

為了瞭解大氣中不同的「溫室氣體」對全球增溫現象的影響，科學家引用全球暖化潛勢值(Global Warming Potential，GWP)加以說明：以 IPCC 2007 年第四版評估報告訂二氧化碳的 GWP 值為 1，藉以估算同一時期、同一質量的不同氣體，所造成全球暖化之程度。例如：CH_4 的 GWP 值為 25，即表示若 CH_4 排放 1 公噸，對地球溫室效應的影響程度與 25 公噸的 CO_2 相當。表 6.10 列出一些溫室氣體的來源及其 GWP 值，由表中可以看出，CO_2 在大氣中的含量最多，幸好其 GWP 值遠小於其他溫室氣體。其他人為產生的溫室氣體，包括用於冷媒、噴霧劑、發泡劑等各種用途的化合物，它們的 GWP 值都很大。

人類工業產生的氟氯碳化物共有 123 種，PFCs 有 6 種，如 SF_6、NF_3、CF_4、C_2F_6、$c-C_3F_6$ 及 CF_8。HFCs 有 45 種。剩下的 CFCs 及 HCFCs 共 72 種會造成臭氧層破洞，是由蒙特婁破壞物質管制議定書來約定。PFCs 及 HFCs 的量雖少，由表 6.10 知，GWP 卻到達 15,000，不可忽視。京都議定書中要削減的有 CO_2、CH_4、N_2O、SF_6、HFCs、PFCs。特別值得注意的是，近年來半導體及製鎂產業所產生的 SF_6 氣體，排放量雖少，但其 GWP 值卻為 CO_2 的 22,800 倍，所造成的增溫效應，實在不容忽視。因為排放量計算方法。CO_2 排放當量可表示成

CO_2 排放當量(CO_2 equivalent 或 CO_2e)＝活動數據×排放係數×GWP

◆ 表 6.10　各種溫室氣體的 GWP 值及排放來源一覽表

溫室氣體	GWP 值	排放來源
CO_2	1	化石燃料燃燒、砍伐森林
CH_4	25	垃圾場、農業、天然氣石油系統及煤礦
N_2O	298	化石燃料燃燒，微生物及化學肥料分解
HFCs	120~15,000	滅火設備、半導體工廠、噴霧劑
SF_6	23,900	電力設備、半導體、鎂製品
PFCs	7,390~12,200	鋁製品、半導體、滅火設備

資料來源： EPA (2001), "U.S. High GWP Gas Emissions 1990-2010: Inventories, Projections, and Opportunities for Reductions."

　　一般網站只教你計算個人碳足跡，比較簡單。但要計算產品與服務的碳足跡，則是個嚴肅複雜的問題，但是綠色和平(Green peace)組織對許多消費電子大廠窮追猛攻，先發布消息，再舉牌抗議，甚至示威遊行。臺灣筆記型電腦最大品牌公司綠色電子消費年年排名中後，如何防止像中科環境評估不通過的窘態，環境保護不再是口號。量化及碳足跡標籤（示）、標章及查證聲明書，是大公司及國家未來無法推託及迴避的工作。尤其大量使用化石燃料（如煤、石油）與特殊氣體的公司，自己先提出第三類環境宣告(Environmental Product Declaration，EPD)，計算自身的產品對環境的衝擊宣告。

　　產品與服務的碳足跡可被定義為與一項活動以及產品的整個生命週期過程所直接與間接產生的二氧化碳排放量。而相較於一般大家瞭解的溫室氣體排放量，碳足跡的差異之處在於其是從消費者端出發，破除所謂「有煙囪才有汙染」的觀念。特別是在這全球化時代，面對全球暖化的問題，若僅著眼於自己國家的碳排放的削減，並不足以因應當前的嚴峻狀況。如依照英國的調查則指出，雖然其於 1992 年至 2004 年間，英國的溫室氣體排放量下降了 5%，但實際上，若將其因消費所導致的間接溫室氣體排放

量納入時，則其排放量反而是上漲了 18%(Wiedmann et al，2008)。由前述案例可知，採用碳足跡的概念，將個人或企業活動相關的溫室氣體排放量納入考量時，方能研擬一適切的低碳生活以及減量計畫，否則可能僅導致汙染源轉移，實質上並未減量的假象。如表 6.11 為組織或公司的盤查碳足跡表，必須就勞動與產品的「生命週期」進行分析，不能僅就產品使用階段，更需前溯至原料開採、製造，乃到最終廢棄處理階段至 100 年時的影響，均需納入碳足跡的計算範圍，而要達成此目的，則需應用國際上發展已久的「生命週期評估技術(Life Cycle Access，LCA)」，方能提升碳足跡計算的可信度與便捷性。

◆ 表 6.11　組織（公司）盤查碳足跡表

設備名稱	排放源	範疇別	排放型 (S, M, P, F)	GHG 種類	活動數據		排放係數		GWP 值	二氧化碳當量（公噸）
					數據	單位	數據	單位		

總計

範疇一(scope 1)：_____，範疇二(scope 2)：_____，總量：
（公噸）

範疇三(scope 3)：_____

排放源型式(S，M，P，F)

固定(Stationery，S)、移動(Mobil，M)、製程(Process，P)、洩露(Fugacity)

資料來源：工業技術研究院綠能與環境研究所

溫室氣體排放減量可由汽車的選擇，由表 6.12 知目前最方便可行的是使用瓦斯車或油電車，綠建築的日常節能、二氧化碳減量、廢棄物減量、汙水垃圾改善也是好選擇。

◆ 表 6.12　各種汽車之比較

車種	燃料	（H＋O）/C	產物	H_2O/CO_2	燃料價
燃料電池車	H_2	∞	H_2O+汙染在工廠	∞／汙染在工廠	4~6
瓦斯車	CH_4	4	$2H_2O＋CO_2$	2	0.85
酒精車	C_2H_5OH	3.5	$3H_2O＋2CO_2$	1.5	
汽油車	C_7H_{16}	2.3	$8H_2O＋7CO_2$	1.14	1
柴油車	$C_{10}H_{22}$	2.2	$11H_2O＋10CO_2$	1.10	0.9
傳統電動車			汙染在發電廠		0.2
油電車	C_7H_{16}			1.14	0.6

6.7　永續發展

十八世紀末，英國學者馬爾薩斯(Thomas R. Malthus)預言，人類因人口壓力不可避免會有大規模的飢荒及戰爭，但拜農業及工業革命，不但沒有飢荒，且人的生活水準提高了。代價卻是生態環境大規模的破壞。據估計每年的石化燃料產生的二氧化碳，一半等於英國泰晤士河整年河水的流量。百年地球室溫已身升高了 0.7°C，高山冰河及北極冰山已快消失了。

永續發展不是狹義的讓自己的家族擴大與發展，也不是讓自己的企業無限的擴大，更不是像法西斯主義侵略他國而謀求自國的利益。其定義是由挪威前首相布倫特蘭夫人最先在委員會(WCED)的引述。當該委員會成立時，聯合國大會認定環境問題是全球性的，是堅定不移的，建立可持續

發展的政策是所有國家的責任。從這事實看出，在涵蓋所有的人類活動，持續的界定是有困難的。但布倫特蘭夫人所發表「我們的共同未來(our common future)」， 闡述人類正面臨一系列經濟的，社會的和環境的重大問題，提出永續發展的概念。此概念得到廣泛的贊同，並在 1992 年聯合國環境與發展大會上得到共識，她提出永續發展的定義為：「人類要能持續發展下去，同時能滿足當前之需要，且不致危害下一代。」分析其內涵，永續發展應包含共同性(Commonality)，永續性(Sustainability)，和公平性(Fairness)三原則。廣義上來講，是能維持其過程或狀態。在生態方面，應持續發展具能力的生態系統，此系統能維持一切生態的功能、生物多樣性及未來的活力。就社會層面而言，主張公平分配，以滿足當代及後代全體人民的基本需求；就自然層面而言，主張人類與自然和諧相處。從科技層面而言，認為永續發展就是轉向更清潔，更有效的技術，盡可能使用密閉式或零排放的製成方法，盡可能減少能源和其他資源的消耗。永續發展是建立在產生極少廢料和汙染物的技術上。在製程或技術上，認為汙染並非工業活動不可避免的結果，而是技術差，效率低的表現。

可持續發展已成為一個複雜術語，可以適用於幾乎每一個方面，地球上的生命，特別是許多不同層次的生態環保，包括濕地、草原和森林，並成為人權組織的訴求，如生態城市，可持續城市，紀律和人類的活動；可持續農業，可持續建築和可再生能源。

永續發展所追求的目標，應考量不同層次發展的國家，貧窮的國家及開發中的國家，應以發展經濟、消除貧窮、解決糧荒，健康及衛生問題為主。而工業化的國家應透過技術創新、品質提升、改變製程及減少排廢。提升生活品質與水準，關心全球重大議題為主。而我們在即將邁入工業化之林，永續發展應有幾個參考方向：

1. 鼓勵經濟成長的同時，應節約資源，減少廢汙排放，理性消費，提升生活品質。

2. 工業發展應以保護自然生態環境為基礎，資源的利用應和環境保護相協調，在環保的前提下發展工業－控制空汙，改善品質，維持生物多樣性，維護生態系統的完整性。

3. 天然資源的使用必須控制在一個能夠還原的速度，人類生活才能具有可持續性。

人類的活動對環境的衝擊可表示為

$$I＝P×A×T$$

I：環境衝擊，P：人口數，A：消費水平，T：科技應用

但是世界人口數一百年來已增加了四倍，消費水平也增加好幾倍。若人的消費由走路，騎單車，騎機車，開汽車，開私人飛機。則環境的衝擊是沒法解決的。

若人人能過簡樸生活，讓心靈沉澱，從日常生活中履行環保，人人投入與參與，讓環境衝擊變成

$$I＝P÷A÷T$$

減少環境衝擊才能在一個可控制、能夠還原的環境下，達到人類永續發展的目標。

綠建築

綠建築是一種與環境共生，能夠永續經營的生態建築。內政部建築研究所為鼓勵興建綠建築，有九大指標評估系統有：基地綠化、基地保水、水資源、日常節能、二氧化碳減量、廢棄物減量、汙水垃圾改善、生物多樣性與室內環境。希望能設計消耗最少資源，製造最少廢棄物的建築物。

試 題 ······················· Exercise ➤➤➤➤➤➤

1. ( ) 寂靜的春天原著為 (1)馬許 (2)平肖特 (3)卡爾遜 (4)米勒。

2. ( ) 寂靜的春天書內所敘之化學物質是 (1)DDT (2)CFC (3)Hg (4)PCB。

3. ( ) 地球溫室效應從十九世紀到現在地表平均溫度約上升 (1)0.1~0.2°C (2)1.5~2.0°C (3)0.3~0.7°C (4)2.0~3.0°C。

4. ( ) UV（Ultra-Violet，紫外線）會 (1)危害人體人的免疫系統 (2) 曬傷 (3)罹皮膚癌 (4)白內障 (5)以上皆是。

5. ( ) 百分比之三十俱樂部之加盟國家係在管制 1993 年 (1)NO_2 排放 量 (2)SO_2 排放量 (3)石油使用量 (4)總氣狀汙染物較 1980 年 削減 30%。

6. ( ) 酸雨是指雨水的酸鹼值低到 (1)5.0 (2)7.0 (3)6.5 (4)5.6 以下 稱之。

7. ( ) ppm 為 (1)萬分之一 (2)十萬分之一 (3)百萬分之一 (4)千萬 分之一 之英文縮寫。

8. ( ) 何種金屬生物濃縮作用明顯？ (1)Cu (2)Zn (3)Cd (4)Hg (5)Pb。

9. ( ) 何種清潔劑對環境破壞較低？ (1)肥皂 (2)ABS (3)LAS (4)Alkyl Sulfonate。

10. ( ) (1)公共汽車優惠卡 (2)公共汽車專用道 (3)開車進城收費 (4) 汽車共乘制 (5)車輛怠速三分鐘請熄火 (6)以上皆是 是各 國已執行減少 CO_2 排放量的政策。

11. (　) 京都會議主要在　(1)防止全球暖化　(2)防止全球流行病傳播　(3)防止全球核武擴散　(4)防止鯨魚不當獵捕。

12. (　) 引起 Cultural europhication 水生雜草大量繁殖之加入物為　(1)硝酸、亞硝酸　(2)磷酸　(3)氰化物　(4)ABS，LAS。

13. (　) 綠建築指標評估有　(1)日常節能　(2)生物多樣性　(3)基地保水　(4)廢棄物減量　(5)以上皆是。

14. (　) 節能綠建築一般會有　(1)太陽能板　(2)多層玻璃　(3)利用地底儲存冷熱　(4)以上皆是。

15. (　) 氟氯碳化合物英文縮寫為　(1)DDT　(2)CFC　(3)NOx　(4)PCB。

16. (　) 地球氮循環平衡主因為　(1)工業　(2)交通　(3)人類　(4)氣象　(5)環境。

17. (　) 空氣汙染指標值(P.S.I)超過多少，表示空氣品質不良？　(1)50　(2)100　(3)200。

18. (　) 不屬於一般空氣汙染物為　(1)硫氧化物　(2)氮氧化物　(3)懸浮微粒　(4)光化學煙霧。

19. (　) 光化學煙霧是由下列哪一種氣體與紫外線反應而生成？　(1)CO　(2)CO_2　(3)NO_2　(4)SO_2。

20. (　) 光化學煙霧形成配合的天氣條件是　(1)濕冷多雲　(2)乾冷多雲　(3)濕暖多雲　(4)乾暖陽光。

21. (　) 蒙特婁議定書在管制　(1)造成酸雨的物質　(2)森林砍伐問題　(3)破壞臭氧層問題　(4)生物多樣性問題。

22. (　) 烏腳病發生地區大多有以下何項特徵？　(1)曾被放射線物質汙染　(2)空氣中一氧化碳含量過高　(3)飲用水中含砷　(4)食米被鎘汙染。

23. （　）水汙染色度變化較多為　(1)石油工業　(2)食品工業　(3)製紙工業　(4)染織廠。

24. （　）水汙染 BOD 較高的廢水為　(1)工業　(2)農業　(3)家庭　(4)天然　(5)礦業。

25. （　）多大懸浮微粒可直接侵入肺泡危害　(1)100μ　(2)10μ　(3)5μ　(4)1μ。

26. （　）水溶氧在多少 mg/l(PPM)以上小型魚類可以生存？　(1)5.0　(2)1.0　(3)1.5　(4)3.0　mg/l。

27. （　）水汙染農藥較高的廢水為　(1)工業　(2)農業　(3)家庭　(4)天然　(5)礦業。

28. （　）水汙染最先易受害者為　(1)水生植物　(2)水生動物　(3)陸地植物　(4)陸地動物　(5)人類。

29. （　）何種水汙染對魚類毒性大？　(1)DDT　(2)BHC　(3)Drin　(4)PCB　(5)重金屬。

30. （　）何種水汙染對魚類毒性大？　(1)氟化物　(2)有機磷　(3)氰化物　(4)$AgNO_3$。

31. （　）一般工業廢水之汙水處理法宜採用　(1)生物法　(2)化學法　(3)物理法　(4)生物及化學法　(5)物理法、生物及化學法。

32. （　）何種金屬具血液毒性？　(1)Cu　(2)Zn　(3)Cd　(4)Hg　(5)Pb。

33. （　）水汙染腐敗臭味較多為　(1)石油工業　(2)食品工業　(3)製紙工業　(4)染織廠　(5)礦業。

34. （　）一般大都市廢水之汙水處理宜採用　(1)生物法　(2)化學法　(3)物理法　(4)生物及化學法。

35. (　　) 塑化劑可能對人體的影響　(1)男童女性化　(2)女童性早熟　(3)內分泌失調　(4)乳癌　(5)以上皆是。

36. (　　) BPA Free 是表示此產品中沒有　(1)塑化劑　(2)雙酚 A　(3)三聚氰銨　(4)壬基苯酚。

37. (　　) 何種為天然的農藥？　(1)馬拉松　(2)PPT　(3)巴拉松　(4)除蟲菊精。

38. (　　) 有紅蟲的河流屬於　(1)輕度　(2)中度　(3)重度　(4)無或低汙染。

39. (　　) 有螃蟹及蜉蝣的河流屬於　(1)輕度　(2)中度　(3)重度　(4)無或低汙染。

請掃描 QR Code，下載習題解答

CHAPTER 07

科技的反思

LIVING
TECHNOLOGY

在現在科技社會裡，已經很少有人可以不使用科技而生活下去。因此，我們要能瞭解、使用和管理科技，也要評估科技可能帶來的衝擊，才能享受科技的便利，免於成為科技文盲。《第三波》一書作者托佛勒(Alvin Toffler)曾指出：二十一世紀的文盲將不是那些不會寫字和閱讀的人，而是那些不能學習忘掉所學和不肯再學習的人。

要享受科技的便利，但也要瞭解科技的極限，尤其現今科技的迅速與銳不可當，就像刃之兩面，很容易傷害到你。如何遵守法規、原理與法律，才能維持自己、社會與自然間最基本、最重要的安全議題。

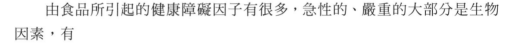

7.1 食品安全

由食品所引起的健康障礙因子有很多，急性的、嚴重的大部分是生物因素，有

1. 病原微生物的汙染：如腸炎弧菌、沙門桿菌、葡萄球菌、肉毒桿菌。

2. 黴菌毒素的汙染：如黃麴毒素、黃變米毒素、赭麴毒素 A(ochratoxin)。

3. 有害天然的誤食：如毒菇、毒草、毒性魚貝類。

4. 食品固有的成分：如河豚毒素、如樹薯含氰酸食品、蕨。

5. 食品固有成分的變質：如腐敗胺、油脂過氧化物、葉綠素分解物。

6. 有害化學物質的汙染是在製造及加工過程的混入物：如塑化劑、三聚氰胺、多氯聯苯、砷及環境汙染物質。

7. 化學商品成分的殘留及移行：如瘦肉精、孔雀石綠、農藥、飼料添加物、動物用醫藥品、容器包裝材料。

8. 食品添加物：如防腐劑、抗氧化劑、合成著色料。

其他是慢性的化學汙染，如第 1 章所論述，如過度使用化學肥料致使蔬菜的硝酸鹽含量高，反式脂肪酸的添加及有問題的基因改造食物。

病原微生物的減少可由個人衛生做起，洗手洗衣是最易控制的：

◆ 表 7.1　洗手與減少細菌數的效果

方　法		細菌數		殘存率(%)
		洗手前	洗手後	
井水	靜水洗手	2,400	1,500	62.5
	流水洗手	30,000	6,400	21.3
自來水	簡單：靜水洗手	4,400	1.600	36.4
	流水洗手	40,000	4.800	12.0
	仔細：靜水洗手	10,000	1.300	13.1
	流水洗手	60,000	11.000	1.80
溫水(50℃)	靜水洗手	5,700	750	13.2
	流水洗手	3,500	58	1.7
肥皂液	簡單洗手	840	54	6.2
	仔細洗手	3,500	8	0.2
甲酚，肥皂液	簡單洗手	40,000	2.100	5.3
	仔細洗手	8,500	13	0.2

資料來源：《食品衛生學》第十三章食品工廠的衛生安全管理，p.287，富林出版。

一般建議洗手的時間為如廁後、咳嗽及打噴嚏後、處理食物與進食之前、摸完寵物後、處理過排泄物或呼吸道分泌物後、在外出或自公共場所回家之後、在接觸病人或幼童之前後、接觸到自己或他人的眼、鼻、口之前後，及任何時候手部髒時。戴手套不能取代洗手，專業人員如護士、醫生、食品處理人員更要注意在重要步驟時，不可輕忽洗手的重要。

衛生署正確洗手方法包含下列五個步驟：

1. 濕：在水龍頭下把手淋濕，包含手腕、手掌和手指均要充分淋濕。

2. 搓：雙手擦上肥皂，搓洗雙手之手心、手背、指縫間、指腹、虎口、手指、指尖、指甲及手腕，各搓洗 5 次，最少要洗 20~30 秒。

3. 沖：用清水將雙手徹底沖洗乾淨。

4. 捧：因為洗手前開水龍頭時，手實際上已汙染了水龍頭，故捧水將水龍頭沖洗乾淨，或用擦手紙包著水龍頭關閉水龍頭。

5. 擦：以擦手紙將雙手擦乾。

防止每年腸病毒對兒童的危害，SARS 期間對像鬼魅般病毒的恐懼，洗手變成最基本的防護。但是有人建議一天要洗十次以上，而且有醫院建議以生日快樂歌為準，要小朋友聽兩次完才算洗乾淨。如此過度以肥皂洗手常會造成皮膚不適、乾燥及刺激性。於是利用乙醇、正丙醇(n-propanol)或異丙醇(isopropanol)的乾洗手液於是興起。即 70%的酒精可降低 99.7%的微生物含量。尤其有加入 1~3%的甘油(glycerol)或其他皮膚保護成分，緊急時醫療工作者也能接受它。

傳統洗手平均洗一次手需要花費 61.7 秒（包括取皂、搓揉指尖、指縫 10~15 秒、沖水和來回洗手槽時間）。2020 年新冠病毒發生後，臺灣防疫中心提倡洗手一定要顧及「前、後、夾、弓、大、立、腕」各個角度。而酒精性乾洗手液搓揉至完全揮發僅須 15~20 秒即可發揮作用。

以普通肥皂或洗手乳與清水洗手1分鐘可除去手上98%以上的暫時性菌叢，而在使用酒精性乾洗手液方面：Fendler 等人研究指出使用酒精性乾洗手液在 15~30 秒即可有效殺死病毒、細菌及黴菌，比較該院由 1997 年 6 月至 2000 年 4 月（共 34 個月）使用酒精性乾洗手液後，其院內感染率約降低了 30%。

▶ 7.1.1　食品添加物

　　2012 年臺灣因美國牛肉進口問題造成很大風潮，美國牛肉可能傳染狂牛症，美國豬肉又添加了瘦肉精。人類使用瘦肉精可以治療氣喘；少數運動選手使用含有瘦肉精的藥物可以用來增加肌肉。瘦肉精屬於乙類促效劑(β-agonist)，它可以促進蛋白質合成，會讓豬隻多長精肉（瘦肉）、少長脂肪，可加在豬飼料裡供豬隻長期食用；飼養成的豬隻，體形健美，利潤比較高。養殖戶可以將瘦肉精拌入豬飼料中餵豬後，能使豬肉快速生長精肉。豬在吃了瘦肉精之後，主要的藥理做用在豬肝、豬肺等處；如果食用大量的豬肝、豬肺後─就算是熟食也一樣，可能會立即出現噁心、頭暈、肌肉顫抖、心悸、血壓上升等中毒徵狀。2008 年 10 月廣州至少 5 人因食用含瘦肉精豬肉引致中毒，武警醫院先後接收了 3 宗、共 5 人因食用豬肝湯或吃豬內臟引致中毒的個案，患者均出現心悸、手震等徵狀，嘔吐物經送檢化驗顯示，均為瘦肉精所致。法國及西班牙也有人吃到瘦肉精牛肝而致死的案例。2012 年 3 月美國修訂牛肉等輸往歐盟注意事項，在輸出前必須從歐盟指定的屠宰場取樣肝、腎、肌肉、脂肪及尿液樣品進行中零檢出瘦肉精，以及重金屬或其他毒素，才能輸出歐盟。歐盟決戰境外零檢出，臺灣三管五卡花費大筆錢做抽檢。其他食品添加物已夠臺灣麻煩，且塑化劑已危害臺灣那麼久，造成男變女，對結婚興趣缺缺，生育率世界排名最後。

　　瘦肉精是一種少數運動員會使用的禁藥。例如培林〔商品名為 Paylean（中文的意思是買(Pay)瘦(lean)），成分為萊克多巴胺(Ractopamine)〕、沙丁胺醇(Salbutamol)、特布他林(Terbutaline)、克倫特羅(Clenbuterol)及塞曼特羅(Cimaterol)等多種受體素。

　　培林(Ractopamine，萊克多巴胺)是美國禮來(Lilly 的分支公司 Elanco Animal Health) 大藥廠在一百多篇實驗研究報告後的申請合法動物藥，但是這些是研究急毒性非論文的報告，對於慢毒性的研究，像是生殖毒性、畸胎毒性、基因毒性、器官毒性及精神行為毒性卻沒有研究及在風險評估

中提到。且在它的包裝上警語寫著「要混入飼料時，一定要帶手套及合格的口罩；有心血管疾病者及小孩要避免接觸。」

經中興大學研究培林瘦肉精的豬肺、豬腎、豬肝、牛肉。經冷凍、蒸煮或醬油燉過兩小時後都有一半以上的殘留，牛肉殘留最多。動物實驗中，吃了高劑量瘦肉精的母鼠，生下的小鼠存活率低，體重輕，有畸形，睪丸及子宮的重量減輕。

沙丁胺醇(salbutamol)，是一種短效乙類腎上腺素能受體激動劑，原用作抑制氣喘的藥。現當作動物瘦肉精。沙丁胺醇毒性比萊克多巴胺（培林）高 100~2,000 倍，而且在動物體內不易被代謝，殘留的時間長且量高，吃到含這種瘦肉精肉品，對健康危害不小。沙丁胺醇的副作用：胸痛，頭暈，持續、嚴重的頭痛，嚴重高血壓，持續噁心、嘔吐，持續心率增快或心搏強烈，情緒煩躁不安等。

塞曼特羅(Cimaterol)與沙丁胺醇(salbutamol)相似，可促進蛋白質的合成，加速脂肪轉化與分解，提升豬肉的瘦肉率、少長脂肪；塞曼特羅是一種類固醇，目前在美國也不合法。它的功用巨大，在實驗室的控制下兩個月內可讓人長出 10%的肌肉。但是 50%致死劑量(Lethal Dose，LD_{50})的成本低於一美元。其毒性是萊克多巴胺（培林）的 5,000~10,000 倍。食用遭汙染的食品後輕則會導致心跳及心律不正常，嚴重者則可引發心臟病。

農委會證實豬吃瘦肉精易跛腳，吃萊克多巴胺的豬腎上腺素升高，因肌肉較發達，改躺著變坐著。有強烈攻擊性行為，甚至會咬人或互咬的副作用。國人吃內臟的比例比美國人多，所以把關要更嚴格。但瘦肉精可以減少飼料使用、降低成本，不管世界 130 國反對添加，臺灣還是會以先進國家的姿態頻頻要求通過。也不管塑化劑已造成臺灣形象的重大傷害。其他的汙染及食品添加物的影響，則更不用講了。

敗腎的出血性大腸桿菌

　　美國牛不是吃草的，而是吃大量玉米、抗生素及動物性蛋白養出來的。這種違反自然的飼養方式，造成養殖牛免疫系統差，引發肝膿腫、牛隻腸道內產生致命抗藥性細菌。或從雞隻萃取羽毛粉蛋白質，讓牛快速成長。加之人工屠宰增加感染風險，且 95％肉品沒抽檢，牛絞肉品來源難管控，一頭牛染病，恐汙染幾百萬公斤牛肉。這種美式養殖場培育出的美國牛，其威脅有超強的 O157：H7 或 O157：NM 出血性大腸桿菌。大腸桿菌學名埃希氏菌(Escherichia coli，E. coli)。E. coli 之血清分型主要依據二種抗原：O 抗原，又稱表面抗原(Somatic Ag)；H 抗原，又稱鞭毛抗原(Flagellar Ag)。目前已知較常發生的致病菌主要為 O157：H7，常見於人和動物的胃腸道及排泄物中，加熱到 160℃ 以上才能完全殺死它。當牛肉有問題時，經常採用氨水來殺死大腸桿菌，但科學調查發現，使用氨水未完全消滅大腸桿菌，只是肉變粉紅色，讓吃的人感覺很好。在餐館吃半分熟(Rare or Medium)的牛排，會覺得肉嫩多汁很享受，殊不知得到敗腎的O157：H7 出血性大腸桿菌的機會大增。

　　在 1980 年代以前 O157：H7 從來沒有出現過，如今美國養殖場的牛隻裡，有 40％其腸道中有這種細菌。從 1990 年代至今，美國也出現過好幾次因民眾吃下牛絞肉，感染出血性大腸桿菌而致病送命。只要幾十隻這種細菌進入人體，會製造出破壞人腎的毒素。

　　以往或澳洲的牛是吃草的，它們有中性的胃，其腸道中的那些細菌，即使依附半熟牛排進入人體的胃裡，也會耐不住強酸而死亡。但是以玉米餵養的牛隻，牛胃已經變酸變得和人的胃差不多。因此在這種新環境下演化出的新型大腸桿菌，可安然穿過人類的胃酸，置人類於死地。若食用受該病菌汙染的牛肉，老人、兒童和免疫力低下者可能出現便血、脫水等症狀。5~10%的人會因此發展成溶血性尿毒綜合症，影響腎功能。

　　漢堡所用牛肉餡通常不是由大塊牛肉絞碎而來，它們可能來自牛身上不同部位或來自不同等級、甚至不同屠宰場牛肉。食品專家和官員都說，這些

碎牛肉特別容易遭受大腸桿菌汙染。也就是在有大塊玻璃窗、外表乾淨亮麗的速食店吃漢堡××號餐，得到敗腎的出血性大腸桿菌的機會更大。

狂牛病

原來「牛吃牛」的餵養方式，會傳染牛海綿狀腦病(Bovine Spongiform Encephalopathy，BSE)或新型庫賈氏病(new variant Creutz-Jakob Disease，nvCJD)，也就是一般人所知的狂牛病(Mad Cow Disease)。人們在吃下這些牛後，很有可能會出現和牛一樣的大腦病變。

狂牛病是一種致死性、傳染性的神經退化疾病，此病自 1986 年在英國首度被報導後，在往後的十幾年中，已經造成整個歐洲陷入恐慌與疑懼。1993 年，英國牛隻發病的情形到了不可收拾的地步，每個月超過 4,000 個案例被發現，超過 16 萬頭牛被證明感染了狂牛病，雖然英國政府採取了撲殺的方法，控制了狂牛病的蔓延。但是 1996 年起，變性庫賈氏病在英國發生比率攀升，且死亡人數已有 90 多人，病患在 80 年代均有吃過牛肉或牛內臟。由此推測吃牛肉或內臟，可能引起變性庫賈氏病。也證明狂牛病會傳染給人，為一種人畜共同傳染病。

狂牛病的病原是一種非常特別的蛋白質，稱為 Prion，因它不具有核酸，即不是細菌，也不是病毒，因為不必藉由 DNA 或 RNA 來複製自己；這些變性的 Prion 進入生物體內會有能力將正常的 Prion 轉換成變性的 Prion。在人類阿茲海默症(Alzheimer's disease)患者腦中也發現變性的 Prion。它只需要藉著直接的接觸，就可以改變正常 Prion 成為變性的 Prion。在發病的牛腦中可以發現有變異形的 Prion 存在，這種變異性的蛋白質對熱、輻射、紫外線及消毒劑均有很強的耐抗性，一般的物理或化學方法很難加以破壞。

吃牛腦及牛脊髓骨易得狂牛病，發病年齡在 60 歲左右，年青人極為少見。病患會有喪失記憶，步履不穩的症狀，病程平均 4 個月；吃牛肉或牛內臟易得新型庫賈氏狂牛症，發病平均年齡在 30 歲以下，病程長至 14 個月，兩者都無藥可治，潛伏期相當長，達 5 年到 20 年以上，是一種可怕的絕症。

◆ 表 7.2　食用美國牛肉後可能發生的病症

1	萊克多巴胺瘦肉精→心臟病
2	牛餵食玉米→牛胃變酸→牛胃壁腐蝕，細菌進入血液及肝臟→牛肝膿腫→被細菌感染牛肉→ 感染細菌
3	牛餵食抗生素→牛產生抗藥性細菌（如出血性大腸桿菌 O157：H7）→人吃→腎功能受損
4	牛餵食動物性蛋白感染狂牛病→人吃→新型庫賈氏病（狂牛症）→送命

魚類海產添加劑／孔雀石綠

孔雀石綠（Malachite green，又名 aniline green 或 basic green 4）是一種帶有金屬光澤的綠色結晶體。雖被稱作「孔雀石綠」，其實不含有孔雀石礦物的成分，只是兩者顏色相似而已。孔雀石綠又名鹼性綠、鹽基塊綠、孔雀綠，它既是殺真菌劑，又是染料，易溶於水，溶液呈藍綠色，由 1 莫爾(mol)的苯甲醛和 2 莫爾的二甲苯胺在濃鹽酸混和下，加熱縮合成隱色素鹼，在酸性下加過氧化鉛使其氧化，並在溶液中沉澱出色素鹼。孔雀石綠可溶於甲醇、乙醇、戊醇。漁民都用它預防魚卵的寄生蟲、真菌或細菌感染，如魚的水霉病、鰓霉病等，而且可使鱗片受損的魚延長生命，所以在運輸過程常使用孔雀石綠。

若孔雀石綠在魚體內留存太長，會產生高毒素、致癌、致突變等副作用。已知孔雀石綠中的三苯甲烷基團可引致肝癌。因此，孔雀石綠被列為第二類危險物品，因此被許多國家列為禁藥。但是價格便宜，而且其治療魚類水霉病等功效是其他藥物難以取代，所以有些漁民在利益驅使下仍暗地裡照常使用。

▶ 7.1.2　加工食品

　　我們每天吃的加工食品占總食物的百分之七、八十；這是現代工業化社會的趨勢。食品加工有其必要性，可以將盛產的農產品加工保存，可以發展出多元化的產品（譬如黃豆可以製成豆漿、豆腐、醬油……），可以增加原料的再利用（例如以蘆筍皮做蘆筍汁）；但過度或不當的加工就會有問題。

　　為了增加賣相、延長保存、使食物更可口，我們的飲食經常加料了許多工業用途的化學物質，國內食品添加物目前分為十八大類、612 種食品添加物。食品添加物的使用已經數百年歷史，它跟藥品一樣都有毒性及副作用，只要在法規範圍內造成的傷害疑慮是可控的。但是我們時常把被刻意使用的添加物和殘留物一起享用下肚。例如：過氧化氫是紡織品、紙張所使用的漂白劑，但也添加在豆干、麵條、魚丸內漂白之用；亞硝酸鹽被用做香腸、臘肉的保色防腐劑。這些有害無益的物質無聲無息侵蝕著人體健康。自己的健康得靠自己把關，唯有正確瞭解→聰明選購→確實處理，才是自保的不二法門。伴隨著食物吃下的食品添加物及汙染殘留物，遠比想像的多更多！

　　因為法規及抽驗的盲點、商業機制的操弄、環境毒素與重金屬汙染、個人飲食習慣與偏好。潛在風險不少，舉例來說，食品添加防腐劑可以抗菌抗黴，食品中最常見的防腐劑是己二烯酸、去水醋酸以及丙酸，己二烯酸多添加果醬、醬菜以及豆類製品裡，去水醋酸及丙酸則多使用在糕餅中，這些都是合法的防腐劑，只要不過量都不會有大問題，但硼砂(Borax)跟甲醛(Formalin)可就不是這麼回事了。

　　由於硼砂可以增加食物脆度及韌性，價格又便宜，年糕、粽子、魚丸、蝦子、油麵…都曾大量使用，硼砂也可改善食物的保水性及顏色，過去新鮮的蝦子怕變黑都會浸泡硼砂來增添口感及色澤。但硼砂進入人體之後會與胃酸作用，轉變為硼酸囤積在腎臟中，會妨礙酵素作用，導致食慾減退、

消化不良，嚴重者會有嘔吐、腹瀉、休克，進而產生循環系統的損害，又稱之為硼酸症。

甲醛就更毒了，甲醛俗稱福馬林（Formalin 或 Formaldehyde），作為防腐劑及漂白劑。另一種更毒的物質叫做吊白塊(Rongalit)，吊白塊是用甲醛結合亞硫酸氫鈉再還原製成的，功用是防腐兼漂白，原本是應用在工業上的漂白劑卻拿來當作食品添加物。甲醛中毒的症狀為頭痛、暈眩、呼吸困難及嘔吐，這兩種是使用最廣泛的違法食品添加物。另外，像是過氧化氫（雙氧水）也是嚴重犯規的漂白劑。

食物的外表、顏色及賣相好才能引起購買慾。依現行法規規定，生鮮肉品、魚貝類、豆類、蔬果、味增、醬油、海帶海苔、茶葉都不得添加人工色素，而目前合法使用的人工色素總共有 8 種，分別是：紅色 6 號、紅色 7 號、黃色 4 號、黃色 5 號、綠色 3 號、藍色 1 號、藍色 2 號跟紅色 40 號，這些法定食用色素是水溶性酸性焦煤色素。但是黑色焦煤色素已知會致癌，但是醬油、可口可樂物都合法進口，蘋果西×也只有色素而沒有蘋果。

色素界嚴重犯規最常見的就是鹽基性介黃(Auramine)與鹽基桃紅精(Rhodamine B)。鹽基性介黃過去多用於糖果、酸菜、麵條、醃蘿蔔上頭，若在紫外線照射下會呈現螢光黃，由於對光線與溫度都很穩定，加上取得容易，所以過去的用途很廣泛，但其毒性很強，攝取過量會引發心悸、頭痛、脈搏減少、昏迷等中毒現象。鹽基桃紅精，多用於糖果、紅薑、話梅及肉鬆等食品，紫外線下會呈現橘紅色的螢光，攝取過量會全身著色，包括尿液也可能被染紅，屬於慢性毒，但毒性非常強。

安全上有疑慮的食品添加物有：

一、糖精

喝健怡(Diet)可口可樂可減肥，無糖可樂添加的是糖精。第 1 章食品科技講到添加糖精的甜度為蔗糖的 300 倍，糖精廣泛被用在蜜餞跟低熱量

中，苯酮尿患者是不能食用的。而且健怡(Diet)可口可樂添加的苯甲酸防腐劑毒性也超強。

二、硝酸鹽及亞硝酸鹽

這兩樣東西是保色劑的代表，能使肉質保持鮮紅色澤，過量攝取會在人體內形成亞硝胺這種致癌物，另外，亞硝酸鹽也會與血紅素結合，降低紅血球的攜氧能力。不過，別以為只有醃製肉品有這個問題，事實上，第2章食品科技講到許多蔬菜在種植過程中使用大量氮肥，也會讓這些葉菜類殘留硝酸鹽。

三、抗氧化劑

食物與空氣接觸後容易氧化，營養流失，這時就必須加入抗氧化劑來對抗氧化作用，天然抗氧化劑有脂溶性的維生素 E 以及水溶性的維生素 C。食用油中最常見的抗氧化劑為 BHA（丁基羥苯甲醚）及 BHT（二丁基羥甲苯）兩種，功能是防止脂肪氧化，避免油耗味之生成。因為對熱、鹼安定，所以使用上很方便，但近年來有研究顯示這兩種抗氧化劑對人體會引發許多不良的生理作用，因此，攝取量上也要特別注意。

◆ 表 7.3　合法但安全上有疑慮的食品添加物

類別	品目	使用食品舉例	對健康可能的影響
防腐劑	去水醋酸鈉	乾酪、乳酪、奶油、人造奶油	具致畸胎性。
抗氧化劑	BHA(Butylated Hydroxy Anisole)、BHT	油脂、速食麵、口香糖、乳酪、奶油	BHA 確定為致癌劑，BHT 有些研究顯示具有致癌性。

◆ 表 7.3 合法但安全上有疑慮的食品添加物（續）

類別	品目	使用食品舉例	對健康可能的影響
人工甘味劑	糖精、甜精 (Saccharin)	蜜餞、瓜子、醃製醬菜、飲料	由動物試驗顯示，會致膀胱癌。
	阿斯巴甜 (Aspartame)	飲料、口香糖、蜜餞、代糖糖包	眩暈，頭痛，癲癇，月經不順，損害嬰兒的代謝作用（苯酮尿症者更不可以食用）。
保色劑	亞硝酸鹽	香腸、火腿、臘肉、培根、板鴨、魚干	與食品中的胺結合成致癌物質亞硝酸胺鹽。
漂白劑	亞硫酸鹽	蜜餞、脫水蔬果、金針、蝦、冰糖、新鮮蔬果沙拉、澱粉	可能引起蕁麻疹、氣喘、腹瀉、嘔吐，亦有氣喘患者致死案例。
人工合成色素	黃色四號	餅乾、糖果、油麵、醃黃蘿蔔、火腿、香腸、飲料	以石油工業產物——煤焦為原料合成，有害物質混入的機會很多，本身毒性強，有致癌性的隱憂，會引起蕁麻疹、氣喘、過敏。
殺菌劑	過氧化氫（雙氧水）	豆腐、豆乾、素雞、麵腸、魚漿、肉漿製品、死雞肉（漂白並除異味）	會刺激腸胃黏膜，吃多了可能引起頭痛、嘔吐，有致癌性。規定食物中不得殘留，不得作漂白劑。

資料來源：行政院衛福部食品資訊網

◆ 表 7.4　非法食品添加物

品目	使用食品舉例	對健康可能的影響
溴酸鉀	使用於麵粉（麵筋改良劑）	已確定有致癌性（民國 83 年正式禁用）。
甘精	蜜餞、飲料等（甜味劑）	會傷害肝臟及消化道，致癌性已確定。
色素紅色二號	糖果、飲料	有致癌作用（民國 64 年禁用）。
硼砂 (Borax)	年糕、油麵、油條、魚丸、碗粿、粽子、板條、火腿、芋圓、粉圓（使 Q、脆、具彈性、具保水、保存性）	硼砂吃下後，轉變為硼酸，積存體內達 1~3 公克會急性中毒而嘔吐、腹瀉、虛脫、皮膚出現紅斑。超過 20 公克腎臟可能萎縮，生命危險。
吊白塊福馬林	本為工業用的漂白劑卻被使用於米粉、黃葡萄乾、麥芽糖、洋菇、蘿蔔乾等食品	殘留的甲醛易引起頭痛、眩暈、呼吸困難、嘔吐、消化作用阻害、眼睛受損。殘留的亞硫酸可能引起：蕁麻疹、氣喘、腹瀉、嘔吐，也有引起氣喘患者致死的案例。
奶油黃	酸菜、醃黃蘿蔔、麵條（工業用黃色色素）	肝癌。
鹽基性芥黃	酸菜、醃黃蘿蔔、麵條（工業用黃色色素）	頭痛、心跳加快、意識不明。

資料來源：行政院衛福部食品資訊網

第 1 章食品科技講到自然界的植物五顏六色，為什麼不能萃取這些顏色，而非要使用人工色素呢？因為 β(Beta)胡蘿蔔素、木質紅、山梔子黃都是天然色素，另外葉綠素也是天然色素的一種，但天然葉綠素含鎂，而鎂的活性較強不容易安定，因此會再經過一道將銅或鐵取代鎂的工序，應用在如菠菜麵、海苔上頭，因此只能算得上是半天然。天然色素的製程繁複，加上活性較強，成本也高，自然不會是食品製造商的首選。

國際有機聯盟的理事 Brendan 於 2005 年來臺灣時曾經說：「如果說所有的產品都要靠檢驗，是沒有人吃得起的。」但是加在咖啡中奶油球中竟然沒牛奶，只有氫化植物油、乳化劑、黏著劑、焦糖、香料及 pH 調整劑的合成液體。日本鱈魚子也加了 20 幾種添加物。素食是集人工合成與添加物的大成，但是其他的添加物時常沒法想像的。在選購產品時，還是盡量注意添加物的成分，或是從保存期限中推算出防腐劑的含量，面對黑心的食品添加物，也要設法導正我們對食物外貌及味道的觀念；東西好吃，放久了也不會壞，這麼好吃不過螞蟻蒼蠅都不碰，潔白無瑕或是色彩繽紛都不是好的選擇，平日也要均衡飲食，但不要矯枉過正、因噎廢食，正常吃、均衡地吃，才能真正在這場飲食戰爭中獲勝。

四、塑化劑

塑化劑並不是合法的食品添加物，工業上塑化劑是塑膠製品成型時的添加物，塑化劑種類多達百餘項，但使用最普遍的即是一群稱為鄰苯二甲酸酯類的化合物；例如：DEHP、DINP、DBP、DIDP、BBP、DNOP、DEP、及 DMP。依目前國際上的現況，塑化劑在日常生活中的使用其實非常廣，一般人平時即會接觸到，民眾若將各類物品送驗，有許多會檢出少量塑化劑，並不奇怪；只是這種日常接觸的量較低。但各種來源的接觸加起來，仍可能形成相關可觀的暴露量，為此，各國乃訂出每日可容忍攝取量上限；以 DEHP 為例，國際所規範的每日可容忍攝取量上限在 0.02~0.14 毫克／公斤之間，以 60 公斤成人為例，每日攝取總量不應超過 1.2~8.4 毫克。

　　塑化劑存在環境中許多地方，包括塑膠製品：被加在塑膠容器、塑膠袋、保鮮膜、泡麵的油包、塑膠拼接地板、電線塑膠外皮或塑膠材質的醫療用品等塑膠製品中；塑化劑會經由食品外包裝或保鮮膜之塑膠包材或容器滲出而汙染食物，或在微波、蒸煮、加熱或盛裝油脂含量較高的食物時，更易滲出而汙染食物，亦會逸散於空氣中，冷凝後吸附於室內灰塵。定香劑：被用來作「定香劑」，可存在於有香味的化粧品、保養品或衛浴用品中；以及製藥：用於藥品與保健食品的膜衣、膠囊、懸浮液......等。

　　塑化劑 DEHP 長期高劑量暴露對人體的主要健康風險為生殖毒性，對男性胎兒及男童理論上的顧慮，包括睪丸發育不良、男嬰生殖器到肛門的距離較短、青春期產生男性女乳症、成年男性精蟲數較少；而在女童則懷疑可能引發性早熟，使月經與乳房發育等第二性徵提早於 8 歲前出現。

　　根據衛生福利部的公告，2011 年 5 月 31 日起，「運動飲料」、「果汁飲料」、「茶飲料」、「果醬、果漿或果凍」及「膠狀粉狀之劑型」等五大類食品廠商需提出安全證明方能販售，有關「食品中檢出塑化劑清單」，可以上網(http://www.fda.gov.tw/)查閱清單訊息，如果對所購買的食品有懷疑，請立即停止食用，並多吃富含水分及維他命的蔬果、白開水及湯品等，可以加速塑化劑的排出。

　　對於減少塑化劑的攝取，衛福部提出「5 少 5 多」的減塑撇步，呼籲民眾採取正確的日常自我保健，五少為：

1. 少塑膠：
   - 少喝塑膠杯裝的飲料，盡量自己攜帶不鏽鋼杯或馬克杯。
   - 少用塑膠袋、塑膠容器、塑膠膜盛裝熱食或微波加熱；超商購買的便當若包裝有塑膠盒或薄膜，要避免高溫微波，或另以瓷器或玻璃器皿盛裝再加熱。
   - 少用保鮮膜進行微波或蒸煮，也不要用以包裝油性食物。
   - 少接觸食品的外包裝：塑膠外包裝是人體接觸雙酚 A(BPA)和鄰苯二甲酸(DEHP)的主要來源。

- · 少讓兒童在塑膠巧拼地板上吃東西、玩耍、睡覺。
- · 改變烹調飲食習慣，像是避免罐頭食品，選擇玻璃或是不鏽鋼的容器。
- · 不給兒童未標示「不含塑化劑」的塑膠玩具、奶嘴。

2. 少香味：減少使用含香料的化妝品、保養品、個人衛生用品等，例如香水，香味較強的口紅、乳霜、指甲油、妊娠霜、洗髮精、香皂、洗衣劑、廚房衛浴之清潔用品等。

3. 少吃不必要的保健食品或藥品。

4. 少吃加工食品，例如：加工的果汁、果凍、零食、各種含人工餡料的蛋糕、點心、餅乾等。

5. 少吃動物脂肪、油脂類、內臟。

五多為：

1. 多洗手，尤其是吃東西前，洗掉手上所沾的塑化劑。

2. 多喝白開水，取代瓶裝飲料、市售冷飲或含糖飲料。

3. 多吃天然新鮮蔬果（已知可以加速塑化劑排出）。

4. 多運動，例如健走、跑步，加速新陳代謝。

5. 喝母乳，避免使用安撫奶嘴。

五、三聚氰胺

衛生福利部食品藥物管理署預告將限定美耐皿三聚氰胺溶出量，限量標準為 2.5 ppm，已開始實行，業者若不配合，將處以 3~15 萬罰款。美耐皿容器為三聚氰胺與甲醛聚合而成的聚合物，廣泛用於食品器具、容器製造。食物一旦盛裝於品質不良的美耐皿容器，三聚氰胺或甲醛可能滲進食物當中，造成身體健康危害。美耐皿材質具耐熱性的熱固性樹脂，耐熱溫度約在攝氏 110~130℃，遇高熱直接碳化。美耐皿耐酸、耐鹼、耐酒精等。雖然如此，食品應盡量減少使用塑膠容器具盛裝，尤其是熱食、高酸性或

高油脂食物，最好改使用陶瓷杯、鋼杯、玻璃杯。若美耐皿容器出現刮痕、破損，建議拋棄，不要再與食品接觸，以免溶出有害物質。

六、棉籽油、餿水油及飼料油

XX 的棉籽油加銅葉綠素假裝是橄欖油、葡萄籽油，此類調合油下肚恐殺精毀卵。接著出現餿水油，而這次的餿水油類似大陸「地溝油」，又遠比棉籽油嚴重；此次廢油和餿水油，以 33％劣質油混合 67％豬油，出廠成「香豬油」，接著 XX 集團旗下○○公司前處長，涉嫌將越南飼料油謊稱食用豬油賣給○○公司，○○公司旗下油品「○○清香油」、「○○香豬油」、「○○香豬油」等油品皆混充飼料油。

油品毒物科醫師說，劣油至少有五大毒害，不僅衛生勘慮，可能有重金屬、黃麴毒素等眾多可怕的毒物，讓消費者具有致癌風險。三度捲入油品風暴在棉籽油、餿水油及飼料油遍全台情況下，是否有自救方式？建議烹調方式以蒸、烤、水煮為主，若是烤物，請選擇烤爐、烤箱而非碳火烹調。盡量避開煎、炸等用油量重的烹調方式。

七、二甲基黃「油脂黃粉」

臺灣外銷豆乾至香港，卻被檢出不准在食物中使用的染色料二甲基黃；而二甲基黃是世界禁用的染劑，動物實驗證實會罹癌，消息傳回臺灣，食藥署驗豆乾，追查上游發現是○○實業社向化工廠買入含二甲基黃「油脂黃粉」製成豆製品乳化劑，再售給十一家經銷商後，再製成油皮當成半成品再賣給下游業者。導致臺灣有名的豆乾業者大部分中標。為了讓豆類食物顏色漂亮保存較久，除豆乾外，豆腐乳及牛肉麵都會添加。

📎 7.1.3 酒精的問題

　　喝酒時身體變暖和，口腔和喉部感覺一些麻辣感並感覺舒暢、精神愉快及憂鬱感消失。飲酒時因酒精是很好的溶劑，經胃和十二指腸大部分被吸收溶於血液中送到肝臟，一部分隨血液到大腦，抑制大腦中樞神經的工作，使大腦皮質的活動鈍化結果具解放感及消愁。過量會擾亂大腦的作用，結果抑制作用機能消失，以致語無倫次、騷擾他人，甚至失去正常平衡走路時步態蹣跚、舉動笨拙，進一步嘔吐等亂性的舉動。

　　從口進入體內的酒精，在肝臟受去氫酶(Alcohol Dehydrogenase，ADH)的作用，酒精變成乙醛，進一步受醛去氫酶(Aldehyde Dehydrogenase，ALDH)的作用，乙醛氧化為乙酸。乙酸俗名醋酸，在體內分解成二氧化碳及水同時放出人體需要的能量，二氧化碳及水即排泄到身體外面。

　　由表 7.5 可知只要酒精在血中濃度超過 0.05%，人的控制能力受影響，開車時往往出車禍而傷己害人。在臺灣，測試開車人呼氣含酒精濃度 0.28 mg/l 以上，抽血血液中酒精濃度 0.08 mg/100ml 時會受罰。

　　而目前國內最高的酒測紀錄是 2.89，酒測值 2.89 已經是「瀕臨死亡」的程度。酒後開車害人害己。一般騎乘機車及單車的騎士，很怕汽車失控撞過來；而汽車駕駛人也盡量在控制方向，但是酒後就不一樣。

　　臺灣的馬路汽機車擁擠度世界前幾名，危險車禍也多。騎單車運動是否有空間？因早上 5 點至 7 點汽機車只有平時的百分之一，所以單車騎乘最好的時間是早上 5 點天剛亮時，不但空氣因前晚的沉降而變得清新，而且酒後開車的情形幾乎沒有。

◆ 表 7.5　攝取酒量、血液中酒精濃度及效應

期別	血液中酒精濃度 (mg/100ml)	呼氣酒精濃度 換算(mg/l)	身體可能產生的效應	相當攝取酒量
爽快期	0.01~0.05	0.047~0.238	氣氛爽快、臉部及皮膚變紅色、變為活躍	啤酒 1 瓶或威士忌 50 毫升
微醉初期	0.05~0.10	0.238~0.467	微醉氣氛、解除抑制感、判斷力降低、體溫上升，脈搏加快	啤酒 1~2 瓶或威士忌 50~120 毫升
酒醉期	0.16~0.30	0.714~1.428	重複而冗長說話、呼吸加速、哭喊交錯、噁心、嘔吐	啤酒 5~7 瓶或威士忌 200 毫升
爛醉期	0.25~0.40	1.190~1.904	手足震顫、不能站立 意識混濁、語無倫次	啤酒 8~10 瓶或威士忌 1 瓶
昏睡期	0.40~0.50	1.904~2.380	不省人事、酣睡、無法控制大小便、虛脫、衰竭可能致死	清酒 1 公升以上或威士忌 1 瓶以上

7.2 科技與安全

7.2.1 GPS 的使用

衛星導航系統(Global Positioning System，GPS)幫你找到要去的路，同時也幫助小偷找到去你家的路。汽車被偷或車窗被打破，車庫的遙控器及崁在儀表板上的 GPS 變成小偷入侵家門的工具。小偷知道車主正在觀看球賽、看電影、露營、打麻將，或車主出國。小偷使用 GPS 的引航，找到你家，然後使用車庫的遙控器，開啟車庫大門，並堂而皇之的進入你家。用卡車來把這個家偷個精光。所以如果你有 GPS，請不要將你家的地址輸入在內。可以輸入一個就近的地址（像是商店或加油站），如此一來，當你有需要時，GPS 還是可以引導你回家，即使 GPS 被偷，其他人就無法藉此知道你家的地址了。

7.2.2 省電燈泡的危險性

圖 7.1 描述現在所使用的省電燈泡的潛在危險性：相片中腳的主人換燈泡時，因燈泡太燙，失手摔破燈泡，又不慎踩上碎燈泡玻璃，割傷腳底送至急診後，因汞中毒（所有省電燈泡及日光燈都有汞），腳上的皮膚肌肉組織無法停止的壞死，在醫院搶救了兩星期，日後還有許多的重建與復健要面對。

換燈泡注意步驟：

1. 先關燈泡電源，夜間要另準備光源，等壞燈泡降溫了才移除。

2. 怕太燙而失手摔破燈泡，應穿球鞋，使用安全鋁梯。

3. 不小心摔破燈泡，所有人要立即離開現場至少 15 分鐘以上，減少吸入汞蒸氣。

4. 不要踩到碎片，因為破碎的燈泡會有水銀釋出，會割傷造成汞中毒，會引起過敏及其他皮膚的病變。

5. 以掃把清去玻璃碎片，置於袋中封緊，送至有毒廢棄物處理中心丟棄，或有接受回收電池的場所丟棄，不可丟於一般家庭垃圾，以免造成環境汙染。

　　要減少省電燈泡汞中毒的機率，可採用 LED 燈泡。LED 燈泡的優點有省電，耐點滅，無毒，不易摔破，瓦數低，無紫外線，不炫光；7W 的 LED 燈泡等於 18W 的省電燈泡。LED 燈泡的缺點有單價較貴（目前同樣照度家庭用的 LED 燈泡價格是省電燈泡的 2~3.5 倍，須有良好散熱（會影響 LED 燈泡壽命長短），LED 燈泡有些微電磁波產生，照明範圍較窄。所以目前 LED 很少人會用在家庭照明上，大多用在汽車、手電筒、等小照明區域。

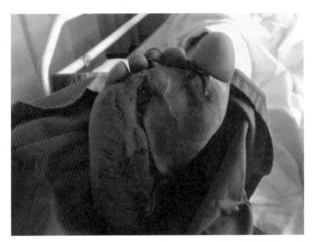

⊃ 圖 7.1　踩上省電燈泡的破璃，皮膚肌肉組織壞死的情形
（摘至 http://www.hoax-slayer.com/mercury-exposure-foot-injury.shtml）

⏩ 7.2.3　鋰離子電池的危險

　　現在 3C 產業常提到的鋰電池其實是鋰鈷電池，廣義的可充放鋰電池是指由一個石墨負極、一個採用鈷、錳或磷酸鐵的正極、以及一種用於運送鋰離子的電解液所構成。

　　一個年輕人在家中給手機鋰離子電池(LiCoO$_2$)充電。電話來時，在充電器上直接接聽。不知原因，強大電源流過手機而爆炸。鋰離子電池的危險事件很多，如 Sony 鋰離子電池爆炸事件，導致全球 NB 品牌業者有投下鉅資卻回收的例子。2012 年在愛爾蘭也有汽車上充電手機電池爆炸的事件。所以不論電池是原廠還是副廠中國製的，使用者都需經常檢查電池是否受損，若已發現外表產生變化或膨脹，最好趕快換新。電池在充電器上時，不要接電話以免危險發生。鋰電爆炸的原因通常是內部短路或因充電時因無保護電路造成過充。所以電池應避免擺置高溫車廂、暴露室外日晒雨淋、重物輾壓、大力敲擊、高處掉落或外力碰撞，更不可自行拆解電池，廢電池不可丟入火中。2011 年 9 月消費者基金抽查 57 件市售手機或相機的鋰電池測試發現，有 4 個副廠廠牌的鋰電池，沒有保護裝置，充電過頭 可能會爆炸。為防止爆炸產生火災，充電器應離開易燃物，要放在鐵桌、玻璃板或磁磚上充電，放在棉被床上充電應禁止。

　　鋰離子電池單位電荷密度高，又沒有記憶效應，是現代人使用手持3C 裝置的最愛。鋰電池暗藏太多能量，是航空公司相當頭痛要注意的物品，一般不允許放在托運行李中，因為一旦碰到水，鋰離子電池會短路燃燒。放在手提行李或口袋中，一旦短路燃燒還可以撲滅。

　　丟棄式一次鋰電池，以鋰金屬或者嵌鋰材料作為負極。鋰電池的發明者是愛迪生。由於鋰金屬是地球上最活潑的金屬，使得加工、保存、使用，對環境要求非常高。所以，一百年來鋰電池長期沒有得到應用。隨著二十世紀末微電子技術的發展，小型化的設備日益增多，對電源提出了很高的要求。鋰電池重新進入了大規模的實用階段。而這種一次鋰電池更易著火燃燒。

鋰離子電池(LiCoO$_2$)不耐受過充電：過度充電時，過量嵌入的鋰離子會永久固定於晶格中，無法再釋放，可導致電池壽命縮短。鋰離子電池也不耐受過放電：電壓小於 3.0V 時的過放電時，電極脫嵌過多鋰離子，可導致晶格坍塌，因而縮短壽命。

鋰離子電池需要多重保護機制：由於錯誤使用會減少壽命，甚至可能導致爆炸，所以，鋰離子電池設計時增加了多種保護機制。如保護電路：可防止過充、過放、過載、過熱。有排氣孔：可避免電池內部壓強過大。增加隔膜：有較高的抗穿刺強度，可防止內部短路；在電池內部溫度過高時還能融化，阻止鋰離子通過，阻滯電池反應，升高內阻（至 2kΩ）。但排氣孔、隔膜一旦激活，將使電池永久失效。

新的磷酸鋰鐵(LiFePO$_4$)電池則沒有鋰鈷易燃易、爆炸的缺點，因工作電壓較低(3.2V)、也可快速充電且循環壽命長，在高溫與高熱環境下的穩定性高，是目前產業界認為較符合環保、安全和性能要求的鋰離子電池。但電池單位電荷密度較低，不合長時間應用的要求。

▶▶ 7.2.4　衛浴馬桶破裂的危險

陶瓷製品衛浴設備發生使用不當造成破裂損壞，被喧染成爆炸，浴室環境潮濕，極易滑倒，如何使用浴廁及安全應重視。陶瓷製品主要材料以長石、矽石、黏土為主要材料，經高溫燒製而成，材質穩定屬無機產品，故不會引起所謂爆炸或爆裂。不像鋼筋水泥的建材或牆壁支柱內有鋼筋；衛浴設備內部沒有鋼筋，受重力易突然斷裂脆裂，直接斷裂速度太快被當成爆炸。一旦破裂形成各種不規則銳利角，陶瓷硬度極高，破裂形成的鋒利面，甚至會割斷動脈。

國內浴室格局為三合一組合（馬桶、臉盆、浴缸）屬潮濕環境，滑倒為意外主要原因。滑倒或跌倒時，臉盆常被當作防止滑倒之支撐物體，因瞬間力道拉扯或撞擊，造成破裂掉落，也因此臉盆損傷率最高。

在三合一組合潮濕環境裡，意外以小孩居多，因小孩沐浴鹽洗時；喜歡戲水玩耍，且不知臉盆不能支撐全身重量，當年級增大體重也增，終於壞習慣加體重達到極限而造成破裂。另若有不當舉動，如：一支腳站立在浴缸牆緣上，另一支腳則放在臉盆內或雙手放在臉盆左右兩側；上下跳動之危險行為，若一不小心滑倒撞擊即會造成意外。洗臉盆如受到外來瞬間無法抗拒之力道撞擊破裂掉落則會產生許多銳利碎片，而被碎片所傷。

長者或行動不便者，因浴室地面潮濕，不小心即有可能發生跌倒或滑倒，對行動不便者使用衛浴安全應加以重視，可選擇加裝專為長者及行動不便者設計之無障礙衛浴產品。（如：安全扶手、自動沖洗馬桶座等之類產品）

總之，陶瓷製品衛浴設備無法耐重，若有裂痕，耐重能力更大幅下降。所以平時使用洗臉盆、馬桶時，遇有地震過後或定期清理衛浴設備時，若發覺瓷器外表有呈現類似髮絲線條狀之黑色線條，極有可能有破裂跡象，應停止使用，並儘快更新。一旦脆性破裂，後果堪慮。

改變浴室潮濕情形，可使用淋浴拉門作乾濕分離，讓沐浴與洗臉、如廁分開，避免沐浴將整間浴室弄得濕淋淋的。或選購止滑性佳之浴室地磚。

避免馬桶上方放置類似瓶瓶罐罐之東西，可利用角落裝設專為瓶瓶罐罐設計之儲物櫃來收藏。以免遭受重物掉落撞擊破裂。

遊客如廁時考慮衛生問題，怕坐上會被傳染病傳染，大多數皆採不正確姿式使用，如雙腳站在馬桶上，採蹲式使用，因雙腳踩在座式馬桶上方邊緣，身體姿式又會擺動，環境又較潮濕，若失去重心滑倒踩破馬桶即會造成意外。若怕被傳染病傳染，外出可隨身攜帶座式馬桶專用座墊紙或衛生紙放在馬桶蓋上來作隔離，或找蹲式馬桶解決，避免採用不正確姿勢使用易造成意外。

▶ 7.2.5 一氧化碳及沼氣中毒

根據消防署的統計資料，有關一氧化碳中毒的傷亡數字分析，每年約有 50 人以上死亡、200 以上的人中毒。協助民眾瞭解居所環境及適合熱水器種類。並經行政院核定「防範一氧化碳中毒設置警報器實施計畫」，補助安裝一氧化碳警報器及遷移熱水器。死亡及中毒人數隨當年濕冷程度與強烈冷氣團的次數有關，及不合時宜的將陽台改建成密閉曬衣場。若能注意熱水器安裝位置及瓦斯爐燃燒火焰的顏色，應可減少一氧化碳中毒的悲劇。

一、一氧化碳中毒症狀

熱水器等爐具燃燒環境的空氣不足時，瓦斯燃燒不完全，而產生無色無味的一氧化碳。一氧化碳會取代氧氣搶先與血紅素結合，降低血紅素帶氧能力，這時體內組織無充足含氧，因而造成一氧化碳中毒的症狀。由於一氧化碳與體內血紅蛋白的親和力比氧與血紅蛋白的親和力大 200~300 倍。而由於碳氧血紅蛋白呈櫻桃紅色，因此因一氧化碳中毒而死的人士的皮膚會呈現這種顏色。

中毒後，一氧化碳對於腦部的危害是先嚴重頭痛，接著是噁心、嘔吐和呼吸急促，之後中毒者會精神錯亂、肌肉無力，一用力就會覺得頭暈。因此中毒者經常無法移動很遠，也就無法逃出中毒環境。最後喪失意識和昏迷、死亡。對於心臟的危害有嗜睡、視力模糊、心律不整、心肌缺氧、呼吸困難、死亡。即使被救活後，還有遲發性神經病變，如智能減退與步態不穩的後遺症。

二、一氧化碳對人體的影響

一氧化碳在短時間就會造成人體的傷害，依據美國國家防火協會(National Fire Protection Association，NFPA)的實驗，空氣含一氧化碳濃度達 1.28%時，在 3 分鐘內就會死亡。所以逃離火災，除溫度外，最可怕的

是一氧化碳。戴面具或濕的手帕，爬出火場較有活命的希望。一般火場根本是漆黑一片，此時手盡量向前伸，以手代眼避免眼灼傷。一般火災逃生時間是三分二十五秒。若有為防止臭氧層破洞的禁品的氟氯碳化物滅火器，將此氟氯碳化物的「海龍」滅火器，噴在衣物或棉被上逃出火場。感覺不對，以手摸門若門燙手，則不要開門，把臉埋入馬桶吸取僅存的空氣等待救援。

一氧化碳會溶於水，冬季酷寒，在室內烤火，除門窗打開，要有較多的水盆裝水，可減少中毒的機會。

◆ 表 7.6 　人體吸入一氧化碳含量、時間及中毒症狀

項次	一氧化碳含量	人體暴露時間及生理症狀
1	0.01% (100ppm)	6~8 小時內，會產生頭痛、昏沉、噁心、肌肉無力、判斷力喪失等症狀。
2	0.02~0.04% (200ppm)	2~3.5 小時產生頭痛。
3	0.08% (800ppm)	45 分鐘會頭暈、反胃、抽筋。
4	0.16~0.32%	5~20 分鐘會頭痛、暈眩、嘔吐，30 分至 2 小時死亡。
5	0.64% (6,400ppm)	1~2 分鐘內會頭痛、暈眩，10~15 分鐘內會死亡。
6	1.28% (12,800ppm)	1~3 分鐘內可能會死亡。

三、沼氣及其他氣體中毒現象

　　沼氣中毒新聞則常見於下水道施工或處於密閉空間而起，這些場所常有沼氣（甲烷）發生而稱之。這種現象說是缺氧症可能較為正確，因為空氣不流通、而沼氣發生的同時也產生大量的二氧化碳，由於二氧化碳比（氧氣）空氣重容易積存於低處、導致缺氧。此時要利用電化學感測原理偵測氧氣，及半導體感測偵測一氧化碳與甲烷，而發展出攜帶式的三用氣體分析儀(Gas Analyzer)。此儀器可提供發酵槽、汙水廠、垃圾掩埋場及可疑地下室的一氧化碳、沼氣（甲烷、天然氣）和氧氣準確衡量的數據。所以進入地下道、地下室施工前，一定要拜託消防人員或警察對於氣體濃度數據之蒐證、及鼓風機及防毒面具的借用。

　　正確的選購順序應為氧氣偵測、然後才是沼氣偵測。但沼氣會引起爆炸危險，所以兩者都應該購買。30 年前使用的煤氣、水煤氣主要的含量為一氧化碳及氫氣，毒性非常強，洩漏出來主要是一氧化碳中毒。現在的天然氣主要是甲烷，液化石油氣(Liquid Petroleum Gas，LPG)主要是丁烷，洩漏出來比較沒毒性。遇瓦斯外洩，不要急著打開抽風機或其他開關，及其他可能會引爆的舉動。只將門窗全開使瓦斯飄散出去，自己離開現場就可。等到石油氣中的硫醇臭味消失後就可再回屋內。若是廚房在地下室，則沼氣中毒的現象就可能發生。歐美、日本冬天要用電暖氣，因為門窗緊閉。為避免任何氣體中毒，歐美日絕大部分的家庭都使用電熱爐及電熱水器。

　　沼氣中毒主要是氧氣的缺乏，表 7.7 氧氣濃度對人體之影響如下：

◆ 表 7.7　氧氣濃度對人體之影響

氧氣濃度	人體症狀
21%	通風下室外正常的含量。
20%	人類於此氧氣濃度下可自在活動。
低於 17%	肌肉功能減退,為缺氧症現象。
10~14%	人體仍有意識,但顯現錯誤判斷力,且本身不察覺。
6~8%	呼吸停止,將在 6~8 分鐘內發生窒息死亡。

7.2.6　免治(痔)沖洗式馬桶座與膀胱炎

免治(痔)沖洗式馬桶座,在夏天時可以沖洗的比較乾淨,寒冬低溫下也可加溫馬桶座及為沖水加熱,所以在臺灣已漸漸普及。但有為女性設計,從前面往後沖水的噴嘴,為什麼?由於女性在先天的構造上尿道長度只有約 3~4 公分的長度,相較於男性的 16~22 公分的長度來得短,再加上女性的尿道口離肛門口只有短短 3~4 公分的距離,離陰道口也只有 1~2 公分,由於肛門的細菌很多,陰部也較易有致病菌,女性急性膀胱炎,約有九成是大腸桿菌引起。因為女性尿道短,又和陰道及肛門口鄰近,所以尿液裡通常都會有細菌。

不要憋太久的才解尿,大號後要養成衛生紙從前面往後擦的習慣,免治馬桶噴嘴沖洗角色要調好,才不會把肛門大腸菌往前帶而引起感染。尿道炎不理它,腎功能恐變差。臺灣南部洗腎病例世界第一,希望不是免治(痔)沖洗式馬桶座使用不當的原因。

年輕時吸毒也會造成較老時膀胱變小的問題。通常吸食 K 他命之後,人會有瀕死、靈魂出竅的快樂體驗。但長期吸 K 會造成發炎細胞增生,影響泌尿系統,使膀胱長期發炎,而呈現潰瘍性的膀胱炎,最終導致膀胱壁變厚,膀胱容量的縮小,當膀胱容量由正常的 400c.c.縮小至 50~100c.c.,會造成生活上極大不便。吸 K,年輕時會頻尿、血尿、腹痛,之後每日要尿 40 次以上,如果不想影響生活,最好少碰這些毒品。

🔢 7.2.7 溺水及心肺復甦

　　酷暑之下，學生、孩童常溜至有水的場所游泳或遊戲，造成臺灣每年平均有 400 人以上之溺斃事件，詳如表 7.8 所示近五年全臺力溺水傷亡統計。夏天常發生集體淹溺事件；學生常常一群人去玩水，只要有 1 個人溺水，就會接二連三幫忙救人，但最後反而形成集團淹溺的意外。另如果到溪流或河邊戲水，看到水位上漲、水呈現混濁，或是有樹枝、垃圾等漂浮物的話就要格外小心，可能是水位上漲造成，這時候就要趕快離水上岸。2012 年 7 月，臺北市、新北市達 37℃ 以上的溫度已超過 7 天，打破一百多年的記錄。大豹溪及海水浴場等常有一些十幾歲孩子常規避或與管理員衝突，一定要去戲水解熱，結果堪慮。內政部表示，根據各級消防機關執行水域救援統計，2014 年至 2018 年近五年平均每年約有 751 人溺水，其中 289 人獲救、440 人死亡、22 人失蹤，事故發生地點以「溪河」最多(41%)、「海邊」居次(25%)、再次為「圳溝」(9%)；發生時間以 6 至 9 月份為多(46.8%)，其中又以 7 月為甚(14.6%)；另就民眾戲水發生意外之時段分析，以 10 時至 17 時為最多，符合夏日高溫時段戲水消暑的特性。

◆ 表 7.8　近年全臺溺水傷亡統計

年份	溺斃	失蹤	溺斃失蹤合計	獲救	總計
2008	422	28	450	305	755
2009	452	29	481	352	833
2010	368	21	389	251	640
2013	318	21	339	252	591
2014	361	19	380	286	666
2015	370	13	383	211	594
2017	500	30	530	318	848

資料來源：消防署

救溺口訣為「**叫叫伸拋划，救溺先自保**」。救溺 5 步包括：

叫就是大聲呼救。

叫就是呼叫 119、110、112。

伸就是利用延伸物救人。

拋就是拋送漂浮物救人。

划就是利用大型浮具划過去救人。

用延伸物或漂浮物救人只要游泳的十分之一的力量。若沒有延伸物、漂浮物及大型浮具可利用及划過去，基本上有幾個方法可以救人

· 游到他的周圍（他還摸不到你，但是聽得到你的聲音），請他放鬆不要過度掙扎，我們會去救他。

· 溺水者怎樣都沒辦法停止掙扎時，只能在旁等待，等他掙扎到沒有力氣，再繞到他的後方去，將他拖上岸。

· 救上岸的人立刻施行心肺復甦術(Cardio Pulmonary Resuscitation，CPR)。

「防溺十招」包括：

1. 戲水地點需合法，要有救生設備與人員。

2. 避免做出危險行為，不要跳水。

3. 湖泊溪流落差變化大，戲水游泳格外小心

4. 不要落單，隨時注意同伴狀況位置。

5. 下水前先暖身，不可穿著牛仔褲下水。

6. 不可在水中嬉鬧惡作劇。

7. 身體疲累狀況不佳，不要戲水游泳。

8. 不要長時間浸泡在水中，小心失溫。

9. 注意氣象報告，現場氣候不佳不要戲水。

10. 加強游泳漂浮技巧，不幸落水保持冷靜放鬆。

此外，近年山域事故發生件數逐年成長，2014~2018 年近約 19 人不幸罹難，4 人失蹤，平均存活率為 93%，尋獲率為 99%。從求援身分分析，以民眾自行網路組團或參加商業團等自組隊伍較高。統計 2015~2019 年資料年齡層多集中於 40~69 歲之間，又以 50~59 歲間中高齡者，發生事故機率較高；2012~2019 年統計事故熱點，多位於林區管理處所轄中級山內占 69%，次為 3 大高山型國家公園各管理處占 27%；再進一步分析民眾求援態樣，以迷路及遲歸（失聯）占 45%，為求援最大主因。2019 年 COVID-19 冠狀病毒疫情肆虐全球，國人無法出國，改選擇國內旅遊及登山等戶外活動，導致山難事件增加。根據消防署統計，2019 年通報 208 件，共有 27 人死亡，112 人受傷，2020 年截至 11 月底，通報已達 436 件，39 人死亡，203 人受傷，與去年相比成長一倍。

山難發生的恐慌，一是天黑及下雨、二是受傷、三是沒水、四是孤獨而亂走。登山有 333 生存規則：身體核心失溫 3 小時一定死亡，雨衣不可離身，若雨衣加刷毛衣就可抵 10°C 以下的濕冷，也可帶大的香菇袋來防水，維持空間乾暖；沒水可撐 3 天；沒食物可撐 3 週。失聯迷路時爬高比較會有訊號，可使用 Google 地圖，久按住藍點 4 秒以上，可得到一組數據(N 22.993 ,E 120.229)，N 是 North 北緯；E 是 east 東經。臺灣本島的位置約介於 22~25°N，120~122°E 之間。目前 Google 地圖不是太準確，但就你目前的經緯度的附近，可以告訴警局或他人求救。

如果你要入山爬山。先要完成下列 8 項：

1. 體能：不管任何山域，體能絕對是保護自己安全的第一道防線，太過於勉力而為，危險就如影隨形，體力放盡，會導致錯誤判斷，肢體不協調，最危險最易容易發生在下坡。別羨慕別人完成百岳，查他們的資料，很多是全程馬拉松的跑者，也有雙塔 510 公里單車騎車完成者，有的是有原住民的血統。

2. 裝備：重裝到山莊過夜，在雨季注意三層防水。輕裝單日登頂者要注意：

a. 雨衣，高山雨衣不離身，可防雨可保暖。

b. 保暖衣，高山溫差大，晚上都在攝氏 8 度以下，稜線風寒效應，體感溫度會在 0 度以下，也要考慮大休息時候的保暖，羽絨外套不要弄濕，以在晚上溫度突降的時候保你一命。

c. 頭燈，亮度要夠，現在的 LED 燈非常亮；獨攀者最好使用要 18650 鋰電（這是代表尺寸，18 表示電池直徑為 18mm，65 代表長度為 65mm，而最後 0 表示電池是圓柱型的），電荷容量 3000mAh 或兩顆以上頭燈加備用電池。

d. 食物。

e. 足夠的水。

f. 防止抽筋的電解質飲料或鹽巴。

g. 充飽電的手機跟備用電池，可拍照、中華電信的網路比較好求援。

h. 兩年以上沒穿的鞋不上高山，環保鞋的鞋底可能會剝離，拖著爛鞋無法走，全新未穿的新鞋也要磨合過，腳趾甲要剪乾淨。

i. 火種或打火機。

3. 申請入山證及入園證，並且告訴親人未下山要報警協尋。行程規劃及行前上網做個功課，離線 GPS 地圖先下載，如此在路上不用常猶豫思考著要走左邊還是右邊。

4. 氣候條件：中央氣象局有一定的準確度，遇到大雨最好撤退，不要勉強登頂，失溫是 2~3 個小時的事情而已，就怕你撐不到救難人員到來。

5. 登山技巧與常識：請靠山壁側行走，有繩索的地方代表有危險跟難度，輕拉繩索靠山壁行走，下坡尤其要注意。各垂直爬梯及大陡坡請背面下，三點不動一點動。危險地形重心放低，真的不行就增加接觸面積，屁股著地，安全總是第一，不要過度依賴登山杖，不會使用就變成累贅，有的地方垂直爬時可折起來掛在背包上。再來就是斜面石頭跟樹

根，只要在潮濕狀態，都是非常的危險，踏過千萬步之後還是不免滑倒。計畫三點出發摸早黑可以，不要到晚上八點摸晚黑還未下山；更不要摸兩黑，這跟體能狀況，行程規劃息息相關。爬劍龍稜及鋸齒稜那種全稜線的山頭，要戴岩盔或安全帽。

6. 重新整理行李：注意事項越多帶的東西就越多，結果常超過 10 公斤，又要照顧弱者或女伴，又要帶紮營及煮水用具，更常超過 25 公斤。水 3 升就已 3 公斤，規劃取水地及時機，使用過濾器濾水喝可減重。出發前一定要考慮行李要精簡，該留在家的就留在家，該留在山屋的就留在山屋，帶不動丟在山上有違無痕山林法則。

7. 慎選隊友：不管是商業團或自組團，都必須要患難與共，同進同退，等人而不找人，所以盡量找體能相差不要太懸殊的隊友，平常有互動的為佳，網路自組就必須做好獨攀的心理準備，我不丟包別人但必須做好被丟包的準備。

8. 登山倫理：下坡讓上坡，輕裝讓重裝；後面有腳步聲請靠邊，談話不要喧譁，盡量注意足下不聊天。永遠相信要謙卑入山。下山先休息好，再開車回家。

7.2.8 心肺復甦術(CPR)的重要

當呼吸終止及心跳停頓時，合併使用人工呼吸及心外按摩來進行急救的一種技術稱心肺復甦術。心肺復甦術也稱為基本救命術(Basic Life Support，BLS)。

當人體因呼吸心跳終止時，心臟腦部及器官組織均將因缺乏氧氣之供應而漸趨壞死，可以發現患者的嘴唇、指甲及臉面的膚色會漸趨向深紫色，而眼睛的瞳孔也漸次的擴大，當然胸部的起伏及頸動脈的是否跳動也能確定的告知我們生命的訊息。在 4 分鐘內肺中與血液中原含之氧氣尚可維持所需，故在 4 分鐘內迅速急救確實作好 CPR 後，將可保住腦細胞之不受損傷而完全復原。在 4~6 分鐘之間依視情況而腦細胞有可能損傷，6

分鐘以上則一定會有不同程度之損傷，而延遲至 10 分鐘以上則肯定會對腦細胞造成因缺氧而導致之壞死。2012 年 6 月孕婦在高速公路上遭貨車追撞而翻車，貨車司機肇事後逃亡，孕婦的安全帶扣到脖子，致呼吸停止而昏迷。醫院幫忙剖腹產子，但是孕婦錯過黃金 6 分鐘的救援時間，至今人還在醫院與死神與後遺症搏鬥。

一、CPR 的原理

空氣中含 80%的氮氣，20%之氧氣其中包括微量之其他氣體；而經由人體呼吸再呼出之空氣成分經化驗分析氮氣仍占約 80%，氧氣卻降低為 16%，二氧化碳占了 4%，這項分析讓我們瞭解經由正常呼吸所呼出的氣體中氧的分量仍足夠供應我們正常所需的要求。利用人工呼吸吹送空氣進入肺腔，再配合心外按摩以促使血液從肺部交換氧氣再循環到腦部及全身以維持腦細胞及器官組織之存活。

二、CPR 的操作步驟

1. **檢查步驟（叫叫）：**
   (1) 檢查意識：拍打傷病患之雙肩或面頰並大聲喚叫如：「你怎麼啦！」等之類，檢查傷病患有無意識，同時觀察胸部有無起伏呼吸。
   (2) 求救：若傷病患沒有反應則打 119！110、112（手機）求救。說明您的電話、事故現場的正確地址、傷患情形及人數。
   (3) 打開傷病患呼吸道：以壓額舉下巴方式打開呼吸道。
   (4) 檢查呼吸：3~5 秒的時間內以下列方式檢查是否有呼吸。看胸部是否起伏，聽是否有呼吸聲，感覺是否有空氣自口鼻呼出，用鏡子或光亮的東西放在鼻前，觀看是否有蒸氣的痕跡。
   (5) 手指輕壓頸動脈，感覺是否有脈搏。

2. **連續胸部按壓（若無呼吸無脈搏）（C：Compression）**

(1) 找尋兩乳頭中線，肋骨和胸骨交會的心窩處。

(2) 雙手重疊互扣並將手指翹起以免壓到肋骨造成骨折。

(3) ・ 施救者跪在傷病患旁，雙腿打開與肩同寬。

　　・ 肩膀在傷病患胸骨正上方，雙臂伸直，肘關節打直。

　　・ 以身體的重量將胸骨下壓。

　　・ 每次下壓將成人胸骨下壓至少 5 公分、兒童約 4~5 公分、嬰兒約 4 公分。

　　・ 胸外按摩的速率為 100~120 次／分鐘。

(4) 維持傷病患頭部後仰呼吸道暢通之姿勢，以大姆指及食指捏緊傷病患鼻子。

(5) 連續 30 次按摩後馬上接著 2 次人工呼吸。

3. **人工呼吸（無呼吸有脈搏）（A：Airway & B：Breathe）**

　　維持傷病患頭部後仰呼吸道暢通之姿勢，以大姆指及食指捏緊傷病患鼻子。每隔 6 秒吹氣一次，每次吹 1.5~2 秒，若無呼吸有脈搏，則一分鐘吹 10 次。

　　若患者已恢復自然呼吸及血液循環，也就是自發性的呼吸、心跳都已開始了，或有醫護人員來負責，或轉給另一個受過 CPR 訓練的人來接替，他能繼續急救下去，或可考慮 CPR 中止操作。

4. **體外心臟去顫器**

　　自動體外心臟去顫器(Automated External Defibrillator，AED)是一部能釋放適當電量，使患者心律從心室纖維顫動(VF)或無脈性心室頻脈(Pulseless VT)恢復正常心律的醫療儀器。

　　CPR 只能暫時維持心臟及腦部血流，但是要將本身的心室顫動轉變成正常的竇性節律是不可能達成的，這時唯有仰賴及早的電擊才能挽回生命。根據統計，當出現心室顫動時，若能在 1 分鐘內立即給予電擊，則成功率可高達 90%；若能在 5 分鐘內進行電擊，則成功率也至少有 50%

◆ 表 7.9　民眾版心肺復甦術參考指引摘要表

步驟／動作		成人（≧8 歲）	小孩（1~8 歲）	嬰兒（＜1 歲）
（叫）大聲呼救		確認有無反應、呼吸、心跳		
（叫）求救 取得 AED		打 119（手機打 112），立即 CPR	先 CPR 2 分鐘，再打 119 求救（手機打 112）	
CPR 步驟		C-A-B		
(C) 胸部按壓	按壓位置	胸部兩乳頭連線中央		胸部兩乳頭連線中央之下方
	按壓姿勢	兩手壓：一手掌根壓胸，另一手環扣在上	兩手壓：一手掌根壓胸，另一手環扣在上；或一手掌根壓胸	兩指
	用力壓	至少 5 公分，但不超過 6 公分	約 5 公分（胸部前後徑之 1/3）	約 4 公分（胸部前後徑之 1/3）
	快快壓	100~120 次／分		
	胸回彈	確保每次按壓後完全回彈		
	莫中斷	盡量避免中斷，中斷時間不超過 10 秒		
若施救者不操作人工呼吸，則持續做胸部按壓				
(A)暢通呼吸道		壓額提下巴，若懷疑頸部損傷應採下巴前推法		
(B)呼吸		吹 2 口氣，每 6 秒 1 次（10 次／分），可見胸部起伏		
按壓與吹氣比率		30：2，5 個循環後換手	1 位施救者 30：2 2 位以上施救者 15：2	
(D)去顫		盡快取得 AED		
自動心臟電擊去顫器(AED)		使用成人電擊板不可用小兒電擊板／小兒 AED 系統	使用小兒 AED 電擊板，假如沒有再用成人 AED 及電擊板	手動電擊，或使用小兒貼片電擊，若無則以標準 AED 電擊

，故電擊程序對於心室顫動是非常重要的步驟。據簡單的統計，AED 加 CPR 救回的生命比單純 CPR 多一倍。表 7.9 為民眾版心肺復甦術參考指引摘要表。

　　CPR 遇無生命徵象患者即可使用，但具初級救護技術員資格以上人員始能使用自動體外心臟去顫器(AED)施行緊急救護。因急救過程中有完整中文語音指示使用者使用，所以緊急時一般人或有駕駛人急救訓練及格證書者也可操作。

三、CPR 操作流程圖

　　圖 7.2 為 CPR 操作流程圖，若無呼吸心跳，則以 100~120 下／分鐘的胸部按壓。按壓：吹氣＝30：2 的比例循環之。若有電擊去顫器 AED，可再加入。若有醫護人員來負責，或患者已恢復自然呼吸及血液循環，或轉給另一個受過 CPR 訓練的人來接替。自己可考慮中止 CPR 操作。

　　CPR 操作注意事項：

1. 應該有 CPR 訓練完成及格證書或駕駛人急救訓練證書，並且在心中對所學急救訓練已演練多遍。

2. 實施 CPR 時，應盡量選擇平坦而堅硬之表面，如在凹凸不平處或如有卵石之河灘地草地等將有可能於施壓時對患者之脊椎骨、肋骨造成傷害。

3. 心外按摩時壓迫之著力點不可落於劍突位置，易導致肝臟受壓破裂。手指也不可著力於肋骨上，以免造成肋骨骨折。

4. CPR 最少應包括：確定意識、求救並安置妥當、暢通呼吸道、檢查呼吸、吹氣、測量脈搏等。

5. 當心肺復甦術一經開始，除非必須停頓之原因外，切記不可中斷 10 秒鐘以上，因為當心外按摩一經停止，患者的血壓即瞬間降至零點。

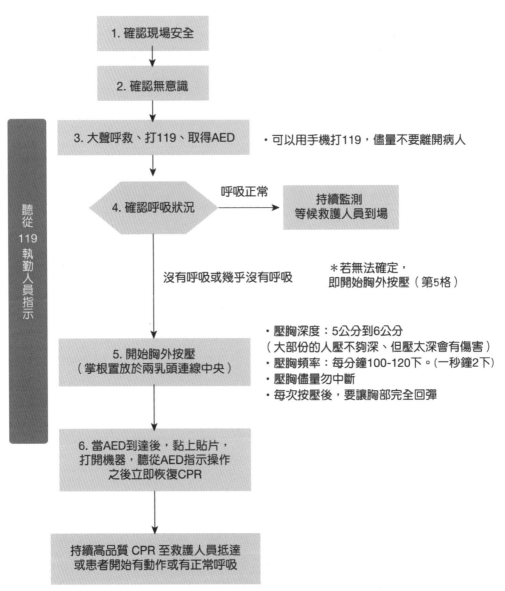

1. 確認現場安全

2. 確認無意識

3. 大聲呼救、打119、取得AED

・可以用手機打119，儘量不要離開病人

4. 確認呼吸狀況　　呼吸正常　→　持續監測 等候救護人員到場

聽從 119 執勤人員指示

沒有呼吸或幾乎沒有呼吸

＊若無法確定， 即開始胸外按壓（第5格）

5. 開始胸外按壓 （掌根置放於兩乳頭連線中央）

・壓胸深度：5公分到6公分 （大部份的人壓不夠深、但壓太深會有傷害） ・壓胸頻率：每分鐘100-120下。（一秒鐘2下） ・壓胸儘量勿中斷 ・每次按壓後，要讓胸部完全回彈

6. 當AED到達後，黏上貼片， 打開機器，聽從AED指示操作 之後立即恢復CPR

持續高品質 CPR 至救護人員抵達 或患者開始有動作或有正常呼吸

◯ 圖 7.2　為 CPR 操作流程圖

6. 按摩時施力應平穩而有力，配合適當之頻率，避免不規則或撞擊式壓縮，如此不但可能傷及患者，也無法產生足夠的血流量。一般情況每次按壓只是 1/3 的正常心輸出量。

7. 高品質的 CPR 口訣為：用力壓、快快壓、胸回彈、莫中斷。

8. 凡呼吸急症、心臟病、溺水、高血壓、車禍、觸電、藥物過量、氣體中毒、異物堵塞呼吸道等導致之呼吸終止，心跳停頓在就醫前，均可利用心肺復甦術維護腦細胞及器官組織不致壞死。而溺水的人是最值得救但也最難救得上岸的。

9. 嬰兒至 8 歲兒童請優先使用兒童 AED 及電擊貼片，若現場沒有則使用成人 AED 及貼片替代。AED 應盡量遠離人工心臟節律器(Pacemaker)、使用 AED 時，必須確保病人的胸部清潔及乾爽（必要時刮除胸毛）、AED 電極貼片不可重複使用。

10. 可參加中華民國紅十字會的駕駛人急救訓練證書及 CPR 訓練，網址為：http://web.redcross.org.tw。或 E-mail:redcross@redcross.org.tw。或由臺灣急救教育推廣與諮詢中心尋找活動及最新消息與資料。網址為 http://www.cpr.org.tw/Default/Default.aspx

7.3 科技與法律

　　科技產品好用，但是以侵犯別人為目的，一定會受到法律的制裁。但是自己疏忽大意，或觀念慢慢偏移也會有法律問題。所以防微杜漸絕，絕對不可以一時之便，不知不覺養成偏差的觀念與習慣。

・電腦濫用(Computer Abuse)指的是：雖然不一定犯法，但卻是不道德的行為，此方面的濫用最著名的就是所謂垃圾郵件(Simultaneously Posted Advertising Message，SPAM)的問題。

- 妨害名譽的問題：許多有心人士透過網路的傳播快、層面廣的特性來散布他人隱私、不實、誹謗、辱罵的言論，或不實攻擊對手廠商的商品信譽等，此亦會造成許多社會與法律問題。

- 盜版販賣：利用網路來販賣盜版的光碟、軟體或 MP3 的技術提供下載。

- 網路詐欺：例如設立不實網站來騙取消費者的錢財或利用「網路釣魚」來騙取消費者的信用卡資料。

- 網路情色的問題：此方面包括三種網站：有提供情色圖片影片下載販賣、媒介援交色情交易、男女交友網站。

- 電腦駭客入侵他人網路系統並施放病毒問題。

- 冒用他人名義，徵求伴侶。如 1998 年六月，一犯罪嫌疑人冒用某女之名義，在某休閒版中的浮生豔影版面，徵求伴侶，並留下某女家中電話。2012 年有人冒用死者的身分證及身分證字號預定臺鐵的車票，被罰 11 萬的罰款。

　　CPR 操作之前或當時，也要考慮到會不會涉及法律責任。依刑法總則第 24 條之規定：因避免自己或他人生命、身體、自由、財產之緊急危難，而出於不得已之行為，不罰。避免行為過當者，得減輕或免其刑。當然，正確而熟練的急救技術當更能協助我們挽回無數危急中的待救患者生命。

試 題 · Exercise 》》》》》

1. (   ) 食品添加物如何產生多？   (1)合成品   (2)半合成品   (3)非合成品   (4)以上皆非。

2. (   ) 因添加物違反食品衛生管理法可處幾年以下有期徒刑   (1) 7   (2) 2   (3) 3   (4) 5   年。

3. (   ) 下列何者不是目前禁用的食品添加物？   (1)吊白塊   (2)藍色 1 號   (3)硼砂   (4)福馬林。

4. (   ) 下列何種香料不具有抗氧化物質？   (1)迷迭香   (2)薄荷   (3)山艾   (4)百里香。

5. (   ) 下列何者屬於過量脂溶性維生素毒性最大者？   (1)A   (2)K   (3)E   (4)D。

6. (   ) 羧甲基纖維素(CMC)，適合做為   (1)抗氧化劑   (2)黏稠劑   (3)膨脹劑   (4)殺菌劑。

7. (   ) 次氯酸鈉、過氧化氫等，此二者在使用於食品時可殺死微生物，但不得檢出殘留於食品中。以上的食品添加物為何？   (1)防腐劑   (2)漂白劑   (3)抗氧化劑   (4)殺菌劑。

8. (   ) 下列食品添加物的功能何者為非？   (1)可增加食品的營養價值   (2)使食品吸引力提升   (3)可使食品製作過程精簡   (4)能降低製造成本。

9. (   ) 食品添加物最主要在哪個部位進行代謝？   (1)腎臟   (2)大腸   (3)肺   (4)肝。

10. (   ) 以下選項是已禁用之食品添加物硼砂食後的症狀？   (1)患者皮膚出紅疹斑   (2)嘔吐、腹瀉、休克   (3)腸胃潰瘍   (4)以上皆是。

11. (   ) 下列不是提升食品品質之添加物？   (1)乳化劑   (2)黏稠劑   (3)軟化劑   (4)硼砂。

12. （　　）以下關於食品添加物的敘述，何者錯誤？　(1)使用色素在於美化食品外觀，增進食慾　(2)工業用色素不得用在以食品上　(3)人工色素對人體並沒有任何的好處　(4)生鮮食品如肉類、魚貝類、豆類等，皆可使用色素。

13. （　　）下列何種食品添加物可以輕易移除工業用水中的重金屬離子？(1)沉澱劑　(2)陰離子交換樹脂　(3)陽離子交換樹脂　(4)觸媒。

14. （　　）下列何者是食物漂白劑？　(1)SO_2　(2)維生素E　(3)H_2O_2　(4)丙二醇。

15. （　　）保濕劑會引起　(1)肝腎機能障礙　(2)肝硬化　(3)致癌　(4)骨骼異常。

16. （　　）食品添加劑當成保濕劑的是　(1)硝酸鹽　(2)大豆卵磷脂　(3)磷酸鈉　(4)丙二醇。

17. （　　）下列何者有誤？　(1)阿斯匹林是止痛劑　(2)阿斯匹林是退燒劑(3)阿斯匹林可預防心臟病　(4)阿斯匹林可治關節炎　(5)即使沒有胃潰瘍及血友病，服用普拿疼也比阿斯匹林好。

18. （　　）下列何種容器不可放在微波爐加熱？　(1)玻璃杯　(2)瓷碗(3)紙杯　(4)鋁鍋。

19. （　　）救溺口訣為「叫叫伸拋划」，伸是　(1)伸手救人　(2)伸腳救人(3)利用延伸物（竹竿、雨傘）救人　(4)伸手招呼別人來救人。

20. （　　）近岸海域最危險且最易發生事故的是哪一種水流？　(1)潮流(2)沿岸流　(3)裂流。

請掃描 QR Code，下載習題解答

参考資料 | References ◀◀◀◀◀◀◀◀◀◀◀◀◀◀◀◀◀

安部司《恐怖的食品添加物》，世潮出版社，2007 年 01 月。

行政院消費者保護委員會 http://www.cpc.gov.tw/

行政院衛生署 http://doh.gov.tw/

李清福、顏國欽、賴滋漢《食品衛生學》，富林出版社，1996 年 05 月初版。

柯永澤《100 年海洋知識活動日手冊》，2011 年 11 月。

食品藥物消費者知識服務網 http://consumer.fda.gov.tw/

食品藥物管理局網站 http://www.fda.gov.tw/

財團法人消費者文教基金會 http://www.consumers.org.tw/

財團法人藥害救濟基金會 http://www.tdrf.org.tw/

陳薇婷著《健康與護理》，泰宇出版股份有限公司，2011 年 07 月初版。

曾浩洋等合著《食品衛生與安全》，華格那企業有限公司出版，2003 年 10 月初版。

〈Ractopamine 在牛肉、豬肉與豬之肝、腎與肺中的熱穩定性評估〉，《臺灣獸醫誌》；Taiwan Vet.J.，37 (4)：253-261，2011。

〈Ractopamine 在水與醬油中熱穩定性評估〉，《臺灣獸醫誌》；Taiwan Vet.J.，37 (2)：111-118，2011。

附錄　本書的頭文字(Acronym)

 附錄 本書的頭文字(Acronym)

頭文字	英文全名	頁數	中文全名
ABS	Anti-lock Braking System	129	防鎖死煞車系統
AED	Automated External Defibrillator	260	體外心臟去顫器
AMOLED	Active-Matrix Organic Light Emitting Diode	69	主動矩陣有機發光二極體
BD	Blu Ray Disk	55	藍光碟
BMI	Body Mass Index	66	身體質量指數
BPM	Beat per minute	90	心跳表
CAD/CAM	Computer Aided Design/ Manufacturing	153	電腦輔助設計與製造
CCA	Cold Cranking Amps	111	冷車啟動安培數
CCD	Charge Coupled Device	67	電荷耦合感光元件
CNC	Computer Numerical Control	155	電腦數值控制
CPR	Cardiopulmonary Resuscitation	255	心肺復甦術
3D printing	three-dimensional printing	154	3D 列印；三維列印
EEPROM	Electronically erasable programmable ROM	58	電子可擦除式唯讀、非揮發性記憶體
ETC; e-Tag	Electronic Toll Collection	125	高速公路自動收費系統
EV	Electric Vehicle	186	插電式動力汽車

269

頭文字	英文全名	頁數	中文全名
FCCC	The Framework Convention on Climate Change	212	全球氣候變遷綱要會議協定
FCV、F-Cell	Fuel Cell Vehicle	185	氫燃料電池車
GHG	Green House Gases	214	溫室氣體
GMA	Genetically Modified Agriculture	11	基因改造農業
GMF	Genetically Modified Food	11	基因改造食物
GPS	Global Positioning Systems	245	衛星導航系統
GWP	Global Warming Potential	174, 215	全球暖化潛勢值
HDMI	High-Definition Multimedia Interface	60	高畫質(清晰、解析度)多媒體介面
HDTV	High-Definition Television	67	高畫質電視
HEV	Hybrid Electric Vehicle	186	油電混合動力車
HPVs	Human power vehicle without Special Aerodynamic Features	92	人力推動無特殊空氣動力裝置(斜躺單車)
HICEV	Hydrogen Internal Combustion Engine Vehicle	184	液態氫內燃機汽車
LCA	Life Cycle Access	217	生命週期評估技術
LCD	Liquid Crystal Display	59	液晶顯示幕
LED	Light Emitting Diode	181	發光二極體
LTE	Long Term Evolution	54	無線寬頻長期演進技術
PA	Power Amplifier	168	功率放大器

頭文字	英文全名	頁數	中文全名
PA+	Protection Grade of UVA	107	防紫外線係數
PC	Poly Carbonate	199	環境賀爾蒙聚碳酸酯塑膠
PLA	Poly Lactic Acid	140	會自然分解的聚乳酸塑膠
PV	Photovoltaic ,Solar Cell	164	光電效應、太陽電池
RFID	Radio Frequency Identification	125	無線電射頻識別技術
RID	Retinal Image Display	71	視網膜影像顯示
psi	pound per square inches	92	壓力英制單位
PSI	Pollutant standards Index	201	空氣污染指標
RPM	Revolutions per minute	90	車輪回轉速
SAE	The Society of Automotive Engineers	112	汽車工程學會的機油標準
SRS	Supplement restraint system	118	安全氣囊系統
SPAM	Simultaneously Posted Advertising Message	264	垃圾郵件
SPD	Simano pedaling dynamics	99	卡式踏板
SPF	Sun Protection Factor	107	太陽防護因子、防曬係數
USB	Universal Serial Bus	60	通用序列匯流排
VGA	Video Graphics Array	60	視頻圖像陣列
WHO	World Health Organization	5	世界衛生組織
WiMAX	Worldwide Interoperability for Microwave Access	53	全球微波存取互通性

參考資料 | LIVING TECHNOLOGY

工業技術研究院 http://www.itri.org.tw

中國紡織工業研究中心 http://www.cti.org.tw

金屬工業發展研究中心 http://www.mirdc.org.tw

車輛研究測試中心 http://www.artc.org.tw

食品工業發展研究所 http://www.firdi.org.tw

資訊工業策進會 http://www.iii.org.tw

MEMO

MEMO

MEMO

國家圖書館出版品預行編目資料

生活科技 / 王力行編著. -- 第五版. -- 新北市 :
新文京開發出版股份有限公司, 2021.08
面 ; 公分

ISBN 978-986-430-752-4（平裝）

1.生活科技

400 110011663

生活科技（第五版） （書號：E347e5）

編　著　者	王力行	
出　版　者	新文京開發出版股份有限公司	
地　　　址	新北市中和區中山路二段 362 號 9 樓	
電　　　話	(02) 2244-8188（代表號）	
F　A　X	(02) 2244-8189	
郵　　　撥	1958730-2	
初　　　版	西元 2009 年 10 月 15 日	
第　二　版	西元 2012 年 09 月 10 日	
第　三　版	西元 2016 年 01 月 10 日	
第　四　版	西元 2018 年 09 月 30 日	
第　五　版	西元 2021 年 09 月 01 日	

New Wun Ching Developmental Publishing Co., Ltd.
New Age · New Choice · The Best Selected Educational Publications — NEW WCDP

新文京開發出版股份有限公司

新世紀・新視野・新文京 — 精選教科書・考試用書・專業參考書